翔べ！YS-11

世界を飛んだ日本の翼

横倉潤
Jun Yokokura

小学館

一九五〇年代、国内路線の主力機は、ダグラスDC-3やコンベア240などのレシプロ・エンジンを搭載したプロペラ機だった。世界のローカル路線で活躍するレシプロ機の代替需要に国産旅客機を輸出し、日本の航空機工業を育てるため、一九五七年（昭和三二年）五月に財団法人輸送機設計研究協会を創設、国産旅客機の基礎計画が始まる。一九五九年六月一日には、特殊法人日本航空機製造株式会社（日航製）が設立され、国産旅客機の開発プロジェクトが本格的に開始。設計を始めてから五年後の一九六二年八月三〇日、日本の翼は国民の期待と夢を乗せて大空へ舞い上がった。輸送機設計研究協会の輸送機の「Y」と設計研究協会の「S」、エンジン候補番号一〇案の「1」と基礎設計における機体仕様候補番号一案の「1」からYS-11と命名された。

現代の旅客機は、パイロットが機体の姿勢を操縦桿で操作するのに、機械や電気式系統を使用して方向舵や昇降舵などの動翼を動かすが、YSは最も信頼性のある人力による操縦方式を採用。強力なターボプロップ・エンジンと大直径のプロペラ、大きな面積の主翼を組み合わせた。YSは六四人もの旅客を乗せたフルペイロードでも、わずか一二〇〇メートルの短い滑走路での発着を可能とし、現代のハイテク機を越える安定性と経済性を誇った。YSは国内外のエアラインから人気を集めたが、日航製の経営問題から惜しくも一八二機で生産が打ち切られてしまった。

YSは大都市の近代空港や設備の乏しい離島、山岳地帯に造られた小規模の飛行場を舞台に活躍した。アラスカではアリューシャン列島の島々を結び、凍てつく極寒地で氷結の滑走路に発着、ブリザードの中でも休むことなく運航を続けた。アメリカ合衆国では首都ワシントンD・Cやニューヨークにも乗り入れていた。南米では大都市を結ぶ幹線ルート、酸素濃度の低い高地での飛行場、秘境アマゾン川流域の飛行場、そしてナスカの地上絵の上空も飛んだ。カリブ海では宝石のような美しい島々を結び、常夏の島ハワイでは世界各国から訪れる観光客を乗せ、アジアでは美しい珊瑚礁に囲まれた島々を飛び、島民の空の足となった。エーゲ海では古代遺跡が眠る島々を結び、アフリカではジャングルを切り開いて造られた飛行場で、砂利やバラストを撒いただけの滑走路に発着していた。

ＹＳが初飛行に成功した一九六二年頃は、日本のモータリゼーションの黎明期を迎え、国産高級自動車がアメ車のようなスタイリングに生まれ変わり、パブリカとスバル360が国民的大衆車となる。一九六四年一〇月一日に東海道新幹線が営業運転を開始。東海道新幹線は0系から進化を遂げ、四〇年後には700系が最高時速二八五キロで東京―新大阪を二時間三〇分で結んだ。ＹＳは初飛行後四〇年余りも姿を変えずに、「昭和の浪漫」を乗せ日本の空を飛んでいる。

ＹＳはプロトタイプ（試作）二機と量産一八〇機が生産されたが、七五機が海外一二ヶ国のエアラインに輸出され、国内ではエアラインに七二機と官需に三三機が引き渡された。海外の第一次ユーザーの多くは、後継機にジェット機を導入し一〇年ほどで路線から退いたが、退役したＹＳは人気を集め第二次ユーザーが採用、二一世紀、第三次ユーザーがＹＳを購入し運航を続けている。

二〇〇六年までに日本のエアラインからＹＳが退役する。

これは、世界の空で活躍した国産旅客機ＹＳの偉大なる物語である。

◎目次

第I章 国産旅客機が日本の空を飛んだ

ＹＳは甲高いダートサウンドを響かせ、大きなプロペラを回転させると、エアーニッポン（ＡＮＫ）のグランドクルーに見送られランプを後にした。二〇〇三年九月三〇日、二機のＹＳは秋晴れの中、鹿児島空港を飛び立った。すでにエアーニッポンのロゴは消され、タイ国の登録ナンバーがマーキングされている。ＹＳは、ゆるやかに上昇を続け南の空に消えて行く。長年、親しまれてきたトリトン・ブルーのＹＳ最後の飛行シーンだった。

エアーニッポンのＹＳは、二〇〇三年八月三一日、女満別―千歳線を最後に退役した。ＡＮＫのクルーにＹＳの感想を聞いたことがある。ＹＳに五年ほど乗務していたキャビンアテンダントは「お客様と地上の光景を眺めたりお話をしたりと、一体感がもてるキャビンだった。そして、ジェットに比べ低い高度を飛ぶので、客室乗務員にとっても、環境の優しい飛行機だった」、キャプテンは「ＹＳで操縦することを学び、ＹＳを操縦したことを誇りに思う」と語り、整備クルーは「ＹＳで整備の基本を覚えた」「耐用年数まで、まだまだ飛べる…」と話してくれた。就航当初はトラブル続きのＹＳだったが、たくさんの人々がＹＳを育て、ＹＳで多くのことを学んだことだろう。

国内線へデビュー

一九六二年（昭和三七年）八月三〇日、YSは初飛行に成功。そして全日空（ANA）と二〇機の予備契約に調印、日本航空機製造（日航製）はYSの量産を開始した。一九六四年、全日空は試作二号機を日航製からリース、東京オリンピックの聖火を乗せ、日本列島を縦断した。二号機のドアには、東京オリンピックのマークが貼り付けられ、客室には、通路の中央に聖火台を固定するための台が用意された。アテネから沖縄まで、日本航空（JAL）のダグラスDC-6によって運ばれた聖火は、九月九日に那覇を出発、鹿児島と宮崎で聖火を一基ずつ降ろし、給油のために名古屋を経由して北海道に向かった。下北半島上空では、航空自衛隊のT-33ジェット練習機二機がYSを出迎えて津軽海峡を越え、千歳空港に着陸した。一〇月一日に「夢の超特急」東海道新幹線が開通、一〇月一〇日には東京オリンピックが開催され、航空自衛隊のブルーインパルスが紺碧の空に五輪の輪を描いた。

初飛行から二年七ヶ月が過ぎ、試験飛行の結果、数々の改良が施された量産機が日本の空を飛び始める。一九六五年三月三〇日、量産初号機（三号機）が運輸省（現・国土交通省）航空局に引き渡された。四月一日、日本国内航空は試作二号機をチャーターし、羽田―徳島―高知線に就航させた。日本国内航空のカラーリングで姿を現したYSの機首には、東京オリンピックで聖火を空輸したことから「聖火」号とマーキングされた。

四月一〇日、初めてエアライン向けに生産された四号機が東亜航空に引き渡され、五月一〇日から五号機と共に広島―大阪線、大阪―米子線に就航した。東亜航空は広島を拠点に西日本全域と奄美諸島の種子島、徳之島をコンベア240とヘロン・レシプロ機で運航していた。

五月一五日、日本国内航空へ一番機となる六号機が引き渡され、六月一日から東京―青森線、七月二〇日から東京—帯広線に就航した。さらに、一一月一日から東京—札幌線にYSが就航、これまで運航していたコンベア240のブロックタイム三時間三〇分を二時間三〇分で飛び、人気を集めた。

日本国内航空は一九六四年四月一五日、日東航空、富士航空、北日本航空の三社が合併し設立され全国へネットワークを広げた。フリートはコンベア240を主力機としていたが、YSを後継機として採用することになった。YSは旧式となったコンベア240と比べると、スピードも速く乗り心地も快適で乗客からの評判はとても良かった。

全日空向けの一番機となる一〇号機が七月二九日に引き渡された。純白とジュラルミンのツートンにブルーのストライプ、尾翼にはレオナルド・ダ・ビンチのマークが描かれ、聖火を空輸したことから「オリンピア」と命名され、九月一日から同社のドル箱路線のひとつ大阪—高知線、大阪—松山線に就航した。

全日空の前身となる日本ヘリコプター輸送（日ペリ）と、極東航空が創設されたのが一九五二年一二月。日ペリはデハビランドDH104ダブ（一一席）とDH-114ヘロン（一七席）を東京—名古屋—大阪線に、極東航空は四発のレシプロ機ハンドレページHP-104マラソン（二二席）を大阪—高知線に就航させていた。日ペリは一九五五年、東京—名古屋—大阪線にダグラスDC-3を導入。そして一九五七年一二月一日、全日本空輸（全日空）となり、翌五八年三月に極東航空と合併した。全日空は一二機のDC-3を購入したが、機材近代化のため二機のコンベア440メトロポリタン（五二席）を幹線に就航させた。コンベア440は気象レーダーと自動操縦装置を装備し、与圧キャビンを採用した近代旅客機である。一九六一年にバイカウント828を東京—札幌の幹線、フォッカーF27フレンドシップを東京から釧路、仙台、名古屋、広島、長崎、宮崎と、大阪から仙台、高知、鹿児島などの都市に就航させた。バイカウントは六七席の中距離機で、巡航速度五七〇キロ、東京—札幌間を一時間五〇分で飛行した。一九六四年五月二五日にボーイング727ジェット旅客機を導入、72

全日空
ALL NIPPON AIRWAYS
JA8661

686

750

YSの胴体には青と赤のストライプ、垂直尾翼にレオナルド・ダ・ビンチのマークが描かれた。全日空の黎明期を支えたDC-3から一九六九年に導入されたボーイング727まで、採用されたカラーリングである。乗降扉には大阪万国博覧会EXPO70のシールが見られる。

前頁右／東亜航空で唯一の貨客混載300型JA8750(105号機)。後期のカラー。

前頁左／アルゼンチン航空のカラーリングで飛ぶ東亜航空JA8686(31号機)。ブルーのラインが好評となり、同社のカラーとして採用された。

日本国内航空の後期塗装。胴体のストライプがコクピット上端に伸ばされた。

7を幹線、YSとフレンドシップをローカル線の主力機とした。

一九六一年九月、全日空はフレンドシップで鹿児島から週二往復の沖縄線を開設した。一九六六年一〇月からはYSを沖縄線に投入、直行便と奄美経由便に就航させた。当時、沖縄は米政府の統治下にあったため、鹿児島空港で出国検査が行われていた。鹿児島から奄美までは約一時間のフライト。コバルトブルーの海に浮かぶ屋久島や種子島、さらに南下すると徳之島、沖永良部島《おきのえらぶ》そして与論島を見ることができた。直行便は一九六八年五月からバイカウント、一九六九年九月にはボーイング737が就航したが、奄美経由便はYSによって運航が続けられ、日本近距離航空に移管される。また、奄美諸島の島々には、東亜航空がヘロンを改造した一七人乗りのタウロンを飛ばしていた。

航空事故を乗り越えて

一九六六年（昭和四一年）は航空事故が立て続けに起きる。二月四日、千歳空港から羽田に向かっていた全日空のボーイング727が東京湾に墜落。三月四日にカナダ太平洋航空のダグラスDC-8が羽田空港で着陸に失敗。五日に英国海外航空（BOAC）のボーイング707が富士山南山麓に墜落。八月二六日には、訓練中の日本航空のコンベア880が羽田空港の滑走路からはずれ炎上した。

さらに一一月一三日、大阪発松山行きの「オリンピア」（一三号機）が松山空港の滑走路に接地後、着陸をやり直すため再び上昇したが、高度を失い海中に水没した。一九六七年一月には、日本国内航空のYS（七号機）が函館空港でオーバーラン事故を起こした。国内で航空事故が続発したことにより、航空会社の旅客は急激に減り、経営は苦しい状況となった。そのため、エアライン各社は運航実態や運航中に発生した問題点を共有し、メーカーとエアラインが一体となって解決するための機関として、航空技術安全協力委員会（ATASCO）を発足。そしてYS-11分科会も設置され、日本航空機製造も参加した。その後、このATASCOはYSプロジェクトに大きな貢献を果たした。

東亜国内航空誕生

満天の星が輝く夜空を飛ぶYSの赤色灯が流れ星に見えた。日本国内航空の「ポールスター」は午前二時〇〇分に札幌を離陸、YSは深夜の日本列島を南下し東京へ向かった。上空からは、暗闇の中にキラキラと輝く街の灯りを見ることができる。高度五〇〇〇メートルから眺める天空の星は、手に届きそうな近さにあった。東京まで二時間三〇分のフライト、午前四時三〇分到着となる。乗客の多くはビジネスマンだった。午前三時一〇分には「ポールスター」を追って「オーロラ」が東京へ向かい、福岡からは、午前二時三五分発の「ムーンライト」が大阪を経由して東京を目指した。

日本航空は一九六七年一二月一日、深夜便を日本国内航空へ移管、一九六八年四月一日には、日本国内航空のYSをチャーターし、東京—大阪間の夜間郵便専用便の運航を開始。当時、夜間はジェット機の離着陸が禁止されていたためYSが投入された。

深夜便は、日本航空が一九六〇年六月からダグラスDC-6Bにより東京—福岡線を開設、「ムーンライト」そして「オーロラ」として運航したのが始まりであった。日本国内航空のYSによる深夜便は利用客や貨物が多く、会社の業績に貢献した。

YSを初めて導入した一九六五年度の日本国内航空の経常利益は二一億円の赤字だったが、一九六八年には空前の観光ブームが到来、観光路線を中心に満席の状態が続いた。旅客需要は回復し、同年度の決算は一四億円の黒字に転換、一九七〇年度には累積赤字を解消した。

一九七一年五月一五日、日本国内航空と東亜航空が合併、東亜国内航空（TDA）が設立された。東亜航空一一機、日本国内航空一八機、合併後に三機を購入し三二機のYSを保有することになった。

日本国内航空と東亜航空が合併し東亜国内航空が誕生した。32機のYSが新しいカラーとなり、北は稚内から、南は奄美の島々を、マリーゴールド・オレンジのYSが飛んだ。

一九七〇年代の沖縄は、那覇までジャンボやワイドボディージェットが就航していたが、先島諸島は南西航空のYSが飛んでいた。宮古空港の滑走路が舗装されたのは一九六七年七月、飛行場の灯火設備は一二月に完成した。

写真は一九七八年一二月、宮古空港での撮影。一月からの刈り取りを前に、サトウキビの穂が風に揺れ、銀色に輝いていた。

東京と大阪、そして鹿児島を運航拠点に全国の都市にＹＳが就航、近距離路線から長距離路線、深夜便が運航された。また、幹線ルートに三機のボーイング727‐100型と、離島路線にＤＨヘロン（タウロン）を運航した。東亜国内航空のカラーリングはオレンジのストライプ、尾翼には飛翔する翼がマーキングされた。北は稚内《わっかない》から南は奄美の沖永良部島までＴＤＡのＹＳが飛ぶこととなった。

合併間もない七月、日本国内で航空事故が再び起きた。七月三日、千歳から函館空港に向かっていた東亜国内航空のＹＳ「ばんだい」（一三四号機）が横津岳に墜落、七月三〇日には、岩手県雫石《しずくいし》上空で飛行訓練中の自衛隊機Ｆ‐86Ｆと、全日空のボーイング727‐200型が空中接触し両機とも墜落した。一九六六年以来、安全運航に努めてきたが、再び大惨事を招いてしまった。

沖縄の空に国産旅客機が飛んだ！

一九七二年五月一五日に日本へ返還されるまで、沖縄はアメリカ政府並びに琉球政府の施政下にあった。一九六四年七月からエア・アメリカのカーチスＣ‐46レシプロ機が、那覇から先島路線を飛んでいたが、一九六六年六月に運航が停止されたため、一九六七年六月二〇日に、日本航空と沖縄財界との合併会社、南西航空（現・日本トランスオーシャン航空）が設立された。

南西航空は、四〇人乗りのコンベア240型二機と一〇人乗りのビーチクラフトＨ‐18Ｓ型一機を日本航空からリース、七月一日より那覇から久米島、石垣島、宮古島へ運航を始め、戦後二二年、沖縄県民の大きな期待を受けて、沖縄の空を飛んだ。日本国内航空から出向した一一名のパイロット（飛行時間平均八〇〇〇時間）、客室乗務員八名、整備員二二名、役員、事務員の約八〇名でのスタートであった。南西航空が運航を始めた頃の飛行場は、サンゴを転圧しただけの滑走路があるだけで、離着陸のたびに猛烈な砂埃が舞っていたという。もちろんターミナルビルもなかった。

一九六八年一月には、機材の近代化と輸送力を増強するため、YSの導入が決まった。一九六八年五月に一番機となる六五号機が引き渡され、沖縄に咲く草花の名「ゆうな」と命名された。六月には六九号機「あだん」、一二月に九〇号機「ばしょう」が導入され、日本の最西端に位置する与那国島《よなぐにじま》にもYSが就航した。一九七一年七月には一六五号機「はまゆう」、一九七二年一二月に一六八号機「そてつ」を購入。YS路線は那覇を拠点に奄美諸島の沖永良部、与論、沖縄先島諸島の宮古、石垣、与那国、久米島にネットワークを広げた。さらに沖縄が日本に返還されると観光客が急増、需要の増加に対処するため追加購入を計画したが、すでに生産は終了していたため、海外の航空会社からYSを購入することになった。一九七三年一〇月にブラジルのクルゼイロ航空から八三号機「ふくぎ」、一九七四年四月に六四号機「でいご」を購入した。一九七五年六月には、全日空で運航していた一五八号機「ひるぎ」を購入しフリートは八機となった。

南西航空のマーキングは、日本航空が一九五二年から一九七〇年まで使用した塗装と同じで、胴体は赤と紺のライン、「南西航空」と「SOUTHWEST AIRLINES」の文字、尾翼に五本の紺のラインに日の丸が描かれていた。路線のほとんどが洋上飛行のため、胴体下面と主翼などをさび防止の銀塗装とした。

全日空のローカル線主力機「オリンピア」

フレンドシップが就航していた地方路線がYSに引き継がれ、一九七三年に二五機のフレンドシップが退役した。YSは、東京から地方都市とジェット発着制限がある大阪空港を中心としたローカル線で活躍した。一九七二年から一九七三年には、三二機のYSが全日空機として登録されていた。YSは羽田から秋田、富山、八丈島、鳥取、米子、岡山、広島、高松、高知、松山へ。大阪伊丹から仙

前頁／南西航空では石垣島から与那国島と波照間島に、デハビランドDHC-6ツインオッターを飛ばしていた。与那国は日本最西端に位置する島で北緯27度27分にある。一九七三年、日本の航空法が施行されると、一二〇〇メートルの滑走路が八〇〇メートルと定められたため、YSに替わり一九人乗りの短距離離着陸機ツインオッターが導入された。当時、南西航空の本拠地、那覇空港には格納庫がなく、初めて石垣空港に格納庫が建設された。

82

前頁／モヒカン・カラーのYS。ロッキード・トライスター、ボーイング747、ボーイング727、ボーイング737に、スマートなモヒカン・ルックが施され人気を集めた。大阪伊丹空港にて一九七二年の撮影。

上／羽田空港を飛び立つ全日空のYS-11A。青い空にモヒカン・カラーがよく映える。

下／丘珠空港から出発する日本近距離航空のYS-11A。カラーリングはモヒカンだが、尾翼の赤い丸の中にNKAのマーク「飛び魚」が描かれた。

台、鳥取、高松、高知、北九州へ。名古屋から八丈島と南紀白浜、長崎から五島福江、宮崎から高知、鹿児島から広島、そして那覇へ飛んでいた。

一九七〇年代中頃には航空需要の急速な増大で、国内幹線ルートにロッキードＬ１０１１トライスターが就航したが、地方空港を運航するＹＳが足りなくなり、海外のエアラインから購入することとなった。一九七七年から一九八〇年までに、パシフィック・サウスウエスト航空から一機、エア・アフリクから二機、中華航空から一機を購入。また、日本近距離航空も一九七八年にインドネシアのメルパチ・ヌサンタラ航空から三機を購入した。

日本近距離航空からエアーニッポンへ

一九七四年三月一三日、地方都市と離島路線の運航を目的に、エアーニッポンの前身となる日本近距離航空（ＮＫＡ）が創設され、八月から札幌・丘珠《おかだま》―稚内―利尻《りしり》線、新潟―佐渡線にデハビランド・カナダＤＨＣ-６ツインオッター（一九人乗り）が就航。続いて丘珠から奥尻《おくしり》、函館、中標津《なかしべつ》、紋別《もんべつ》へ就航したが、採算が取れず一九七六年一月に運航を停止した。

全日空は日本近距離航空の支援に乗り出し、株式の七六・八%を出資し五月から運航が再開された。さらにＹＳ路線を日本近距離航空に譲渡、一九七八年四月に高需要の羽田―大島線、羽田―三宅島線、一九七九年に福岡―対馬線、一九八〇年に福岡―壱岐線、福岡―福江線、長崎―対馬線が移管され、道内路線にもＹＳが就航した。カラーリングは、全日空が一九六九年から採用したモヒカンルックで、胴体に「ＮＫＡ日本近距離航空」の社名と、赤い丸の中に白い飛び魚のマークを垂直尾翼に描いた。

日本近距離航空のＹＳは日本列島にネットワークを広げ、一九八三年に初めてのジェット機ボーイング７３７-２００型を導入、一九八七年四月一日にエアーニッポン（ＡＮＫ）となった。カラーリン

グは、全日空と同様にトリトン・ブルーとモヒカンブルーのストライプ、尾翼はANKの大きなロゴとなった。

エアーニッポンはジェット化を図るため、YSを路線から順次退役させた。最後まで運航されたのが東京・羽田と札幌・丘珠ベースであった。羽田から大島、三宅島の伊豆諸島路線、丘珠から函館、稚内、オホーツク紋別、根室中標津、釧路等の都市へ七機のYSで運航した。

東亜国内航空から日本エアシステムへ

一九七三年に東亜国内航空はDC-9を導入すると、新塗装を採用した。胴体から垂直尾翼にかけてレッド&グリーンのストライプ、胴体に「TDA」と「東亜国内航空」の文字がマーキングされた。

東亜国内航空はYSを二九機を保有していたが、路線規模の拡大を図るため、一九七七年から新たに一二機のYSを導入した。ブラジルのヴァスプ航空二機、クルゼイロ航空三機、フィリピン航空一機、インドネシアのペリタ・エアサービス二機、ボーラック・インドネシア航空二機、そして南西航空から二機を購入した。一二機のうち一〇機が、海外のエアラインから買い入れることとなり、一九八〇年には南西航空のリース機を含め、四二機のYSを運航する世界最大のオペレーターとなった。

東亜国内航空のYSは、千歳から稚内、女満別《めまんべつ》、帯広、函館への道内路線と千歳から青森、花巻、秋田へ。羽田から女満別、旭川、帯広、青森、花巻、南紀白浜、出雲、徳島、高松へ。名古屋から高知へ。大阪伊丹から青森、秋田、花巻、山形、新潟、松本、南紀白浜、米子、出雲、隠岐、広島、山口宇部、徳島、高松、高知、松山、鹿児島、種子島、奄美大島へ。米子から隠岐、広島、出雲から隠岐、松山から岡山、北九州、宮崎、鹿児島へ。高松から熊本、福岡、高知から福岡へ、宮崎から福岡へ、鹿児島から岡山、広島、松山、徳島、福岡、種子島、屋久島、奄美大島、徳之島、沖永良部、与

前頁／日本近距離航空は、世界のコミューター路線で活躍しているDHC-6ツインオッターを導入、赤いストライプに飛び魚をマーキングして一九七四年八月に就航させた。写真は佐渡空港から離陸するツインオッター。エアーニッポンを経て、一九九四年にエアー北海道に移管、稚内―利尻、礼文、函館―奥尻への運航を続けた。

上／東亜国内航空は一九七六年からYSに新しいカラーリングを施していた。客室乗務員のユニフォームもセルリアンブルーとなり、色鮮やかなレッド＆グリーンのスカーフが印象的だった。

下／エアーニッポンのYS路線は、羽田と丘珠ベースを残すのみだった。二〇〇一年六月、大島線から退役、噴火の影響で休止されていた三宅島線の再開を待っていた。しかし、再び飛ぶことなく羽田を後にした。

夜が明けたばかりの丘珠の冬。エプロンではすでにYSの飛行準備が行われている。翼や舵の上下面等に防除氷液が吹き付けられたYSは、雪の舞う中、次々と離陸して行った。丘珠ベースのYSは寒冷地仕様の機材が使用された。暖気能力を高め、各部に防氷対策が施された。

1980年 YS就航路線図

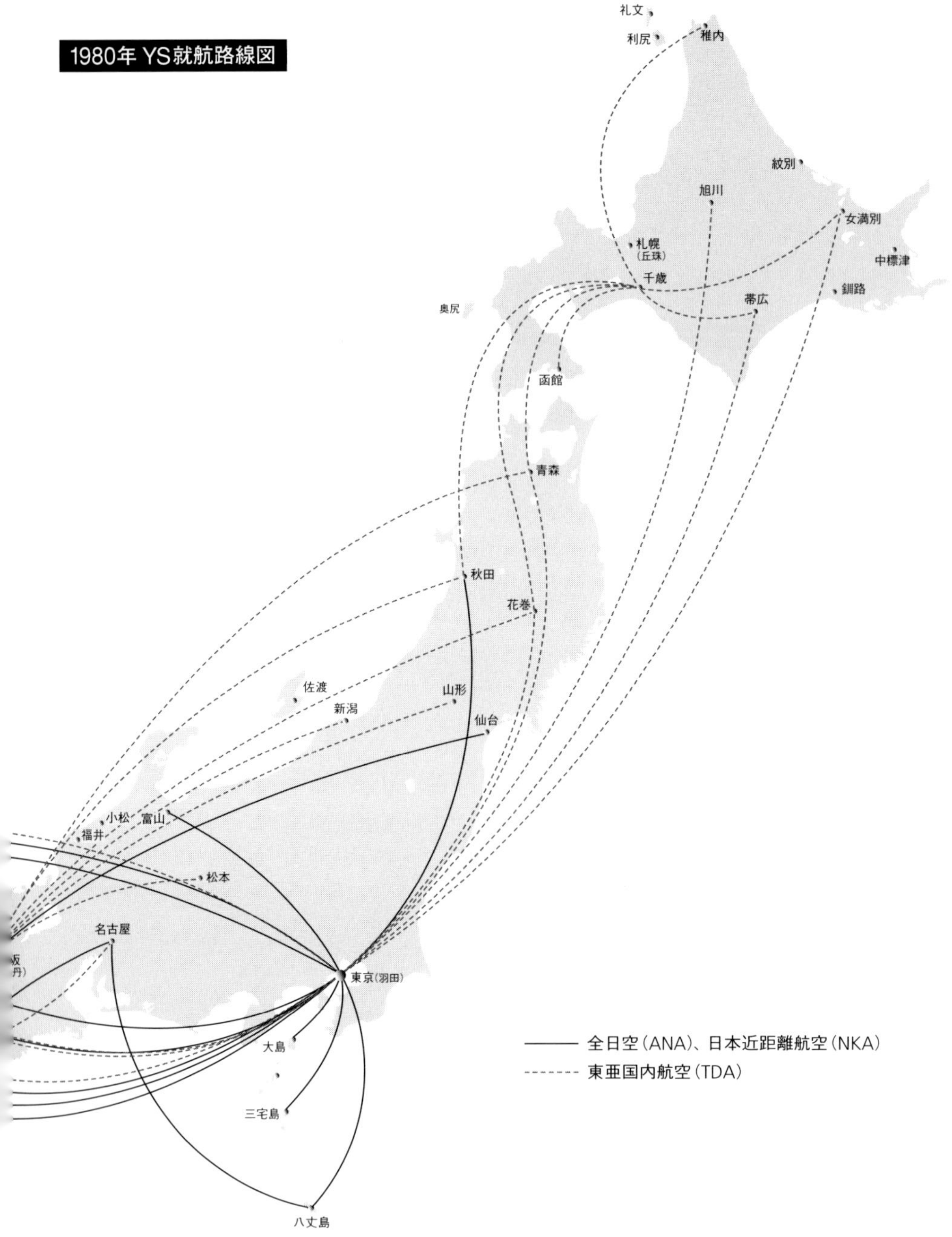

論、そして奄美大島から喜界島《きかいじま》、徳之島、沖永良部、与論へ飛んでいた。一九八〇年五月に開設された東京―女満別線は、YSの超長距離路線で飛行時間は三時間であった。大阪発着の四国路線は徳島、高松に一〇便、高知に五便のYSが運航されていた。中でも高知線は全日空とのダブル・トラッキングで、両社合わせて二二便が運航されていた。

一九八一年にはA300が就航しDC-9、YSの三機種によるJASフリートが完成した。カラーリングも、エアバスA300デモストレータのレインボーカラーを採用。一九八八年四月に社名が日本エアシステム（JAS）となったが、レインボーカラーは日本航空と統合されるまで使用された。

国内路線からYSの退役が始まった

YS「オリンピア」は一九九一年八月三一日、新潟発仙台行きANA720便を最後に退役した。ラストフライトとして運航された「オリンピア」は、アフリカでデモフライトを行った八九号機で、一九七九年に日本への里帰りを果たしていた。全日空では二六年間にわたり延べ四四機のYSを運航したが、ジャンボジェット機やワイドボディ機を操縦するパイロットの多くが、YSで操縦を学んだ。総飛行時間約九五万時間、総飛行距離約三億八〇〇〇万キロ、旅客総数約四八〇〇万人という記録を残した。

日本エアシステムは、YS路線を日本エアコミューターに移管したが、YSのラストフライトは羽

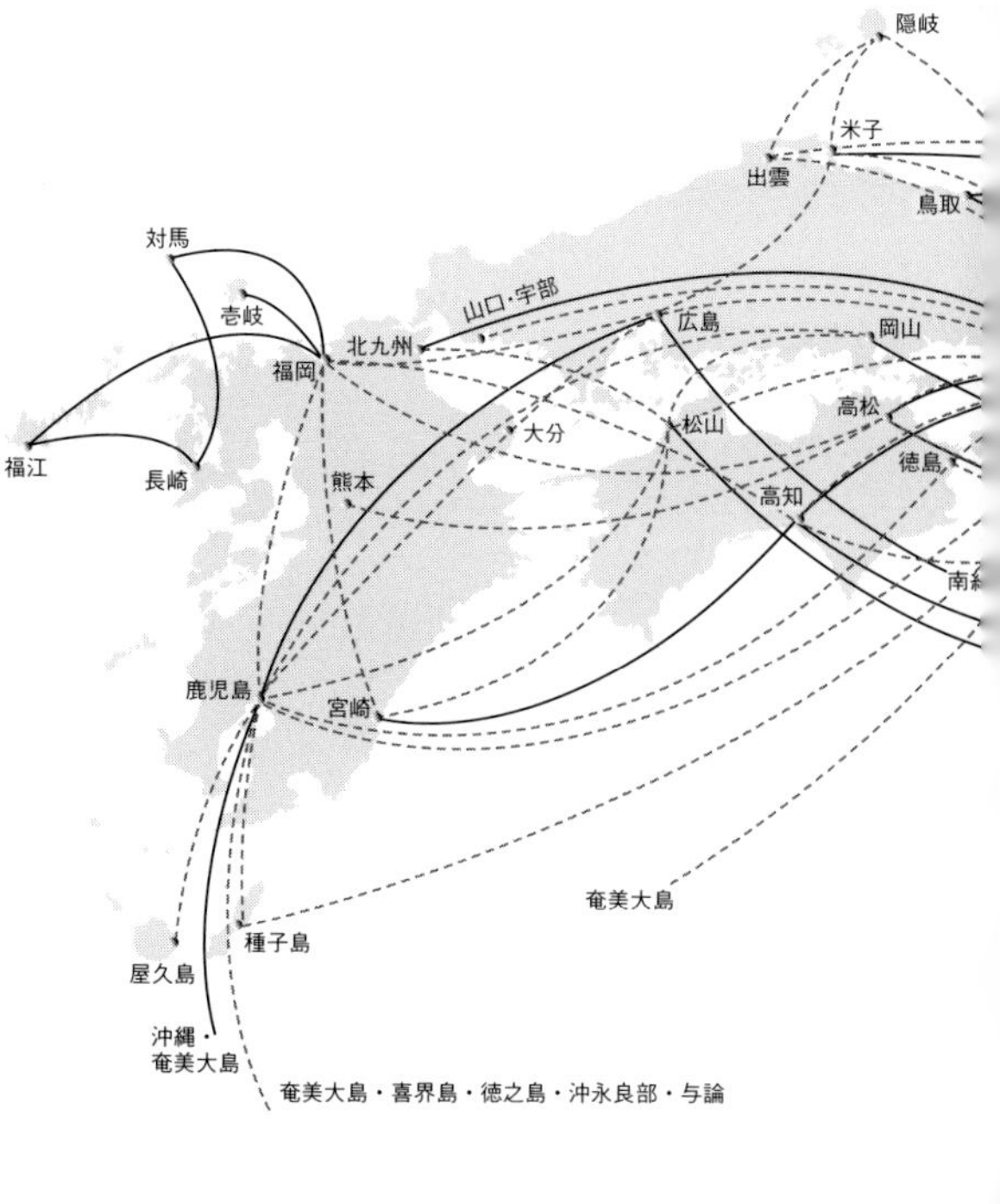

【北飛行】

東京に春一番が吹く頃、北海道はまだ厳しい冬の中にあった。厳冬期にはアムール川河口が氷結し、流氷となってオホーツク海を埋め尽くす。一月下旬頃にはオホーツク海沿岸に流氷が接岸し、三月に入ると流氷は沿岸から離れ、知床岬を越えて根室側に達し、太平洋を南下しながらその姿を消して行く。三月の離岸期の流氷は、さまざまな造形模様を創り出すという。その光景を空から眺めたいと思い、僕が北海道を訪れたのは今から二〇年も前のことであった。

羽田空港から東亜国内航空のＹＳに乗って女満別空港に向かった。女満別空港は網走の南に位置し北緯四三度五二分にある。羽田―女満別線はＹＳの超長距離路線で、ブロックタイムは三時間。ランプではレッド＆グリーンのＹＳが乗客の搭乗を待っていた。シップはＪＡ８８０５「いぶすき」だった。登録番号が新しいので量産後期の機体かと思ったが、五五番目に生産されたＹＳだった。同機はブラジルのクルゼイロ航空が一九六八年三月に購入、一九七七年一一月まで運航していた。

「キィーン」と甲高いターボプロップ音が聞こえ、プロペラがゆっくりと回りだした。機体が小刻みに震えている。右側に続いて左側のプロペラも元気よく回っている。エンジン音がさらに高くなり機体は動きだした。

ＹＳはダートサウンドを響かせ羽田を離陸した。早春の東京湾はキラキラと輝いていた。一六〇ノットの速度で上昇しながら北へ進路をとった。やがて一万一〇〇〇フィートでレベル・オフ。アンバ

ー7の航空路を使い北海道を目指す。速度はだんだんと増し一九〇ノットに達しているだろう。離陸後、一時間余りで松島上空である。いくつもの島影を観ることができた。松島から宮古までは美しいリアス式海岸が続く。東北地方の海と大地はまだ冬色だった。三沢空港上空を過ぎると洋上飛行となった。左手に津軽海峡を望み、太平洋上から千歳上空に達する。悠々の大地が僕らを乗せたYSを迎えてくれた。

夕張山地を越えると占冠（シムカップ）上空である。眼下には十勝平野が広がっていた。占冠はアイヌ語で「甚だ静かで平和な上流の場所」、帯広はオペレペレケプと呼ばれ、「河口が分れている川」という意味があるそうだ。帯広を流れる十勝川は石狩山地を水源にもち、利別川と合流し太平洋にそそがれる。

晴天の中、大雪山国立公園が姿を現した。二〇七七メートルの十勝岳、二二九〇メートルの大雪山が手に届きそうな近さで見ることができた。原生林を飛び越えるとYSは降下を始めた。白い大地の中に防風林が規則正しく並んでいる。YSの優雅な影が白銀の大地の上を流れる。キュッと車輪を接地させ女満別空港に着陸した。YSは三〇分ほどのタウン・アラウンドで北の大地を後にした。運航乗務員は再び機上の人となり東京に向かった。

一九八〇年五月に東京直航便として開設されたYSの超長距離路線の女満別線は、一九八五年四月に新女満別空港が開港しジェット化された

田―南紀白浜線だった。一九九六年三月八日、日本エアシステム最後のYS、九九六便の三二号機（JA8667）が南紀白浜から羽田に着陸した。東亜国内航空そして日本エアシステムが使用したYSは延べ四八機、総飛行時間は約一五一万七〇〇〇時間、旅客総数は約五七〇六万人であった。三二号機は六月にフィリピンに向け羽田を離陸した。

沖縄先島路線にジェットが就航

南西航空はYSのキャパシティ六四席では需要に対処できず、ジェット機を導入することにした。南西航空の幹線ルートである宮古、石垣空港の滑走路は一五〇〇メートルであったため、離着陸可能なボーイング737-200アドバンスを採用、一九七八年一二月一日、那覇―宮古線に初号機を就航させた。そして新しいカラーリングを採用、胴体にオレンジと赤のライン、尾翼にSWALのマークが描かれた。一九八〇年春からはYSも新塗装であるオレンジ・ストライプに変更された。一九七九年には余剰となった六四号機と六五号機を東亜国内航空に売却した。

一九八九年、六九号機がカリブのエア・アルバに、一九九三年にはエア・カリビアンに一六五号機が売却された。エア・カリビアンは他に四機のYSを購入したが、日本エアシステム（東亜国内航空）からトランス・セントラル航空を経て購入した六四号機と六五号機は、一九七九年まで南西航空で使用されたYSであった。南西航空は一九九三年七月一日、日本トランスオーシャン航空（JTA）となり、カラーリングもJALグループと同じものとなった。

一九九六年に一六八号機をフィリピンのエイシアン・スピリットに売却し、YSは三機となった。一九九七年七月、沖縄の人気リゾート久米島空港の滑走路が、二〇〇〇メートルに延長されたためジェット化され、一九九九年七月一五日、与那国発石垣行きNU968便を最後にYSは退役した。沖

南国のイメージから、オレンジとレッドのカラーが採用された南西航空のボーイング737。那覇から久米島、宮古、石垣、与那国、そして本土の各都市へ就航している。その他のYS路線は、琉球エアーコミューターに移管された。

縄の空を最後まで飛んでいた八三号機は、東シナ海を越えフィリピンへ向かった。YSは三一年間にわたり離島の「空の足」として活躍した。YSの退役により、フリートはすべてジェット化された。最後までYSを操縦した運航乗務員（機長五名とコ・パイ二名）は機種移行訓練を受け、B737の運航乗務員となった。

日本エアコミューターへYS路線移管

鹿児島から空路約四〇分、世界自然遺産に指定された屋久島が蒼い海の中に浮かぶ。屋久島の大自然を見るために訪れる人々が増えている。日本エアコミューター（JAC）が鹿児島から運航する屋久島線の利用率は、国内路線の中でもトップクラスだ。屋久島空港は一九七五年四月、滑走路が一二〇〇メートルとなり、タウロン・レシプロ機（一七席）に替わりYSが就航した。日本エアコミューターは奄美群島を運航するコミューターエアラインとして、一九八三年に奄美群島市町村と東亜国内航空との共同出資で奄美大島に設立された。設立当初はドルニエDo228双発ターボプロップ機（一九席）を運航していた。一九八八年七月に鹿児島―沖永良部線、一二月に鹿児島―与論線、一九八九年一〇月に鹿児島―屋久島線、一九九〇年一〇月に鹿児島―種子島線にJACのYSが就航、一九九二年四月には、初めての県外路線の伊丹―徳島線に就航した。JACは一二機のYSを導入し関西、中国、四国、九州そして奄美諸島にネットワークを広げた。二〇〇〇年六月三〇日、新たにイメージキャラクター「ルリー」を採用し、YSにマーキングした。ルリーは奄美大島に生息する鹿児島県の県鳥ルリカケスをモチーフにデザインされたもので、左側前方のドアと右側後部のサービスドアの二ケ所に描かれている。

日本エアコミューター（ＪＡＣ）のカラーリングは、東亜国内航空時代のレッド＆グリーン、日本エアシステム（ＪＡＳ）のレインボーカラーとなり、その後、胴体のラインをなくしホワイト・ボディのオリジナルカラーとなった。鹿児島から与論までは一時間四〇分のフライト。上空からは奄美の島々がパノラマとなって見ることができる。与論空港はサトウキビ畑の中にあり、平屋建てのターミナルビルと、ＹＳがとてもよく似合う空港である。

奄美路線は台風の通り道でもある。台風がもたらす雨風や、巨大な雲を避けながらの運航など苦労も多い。

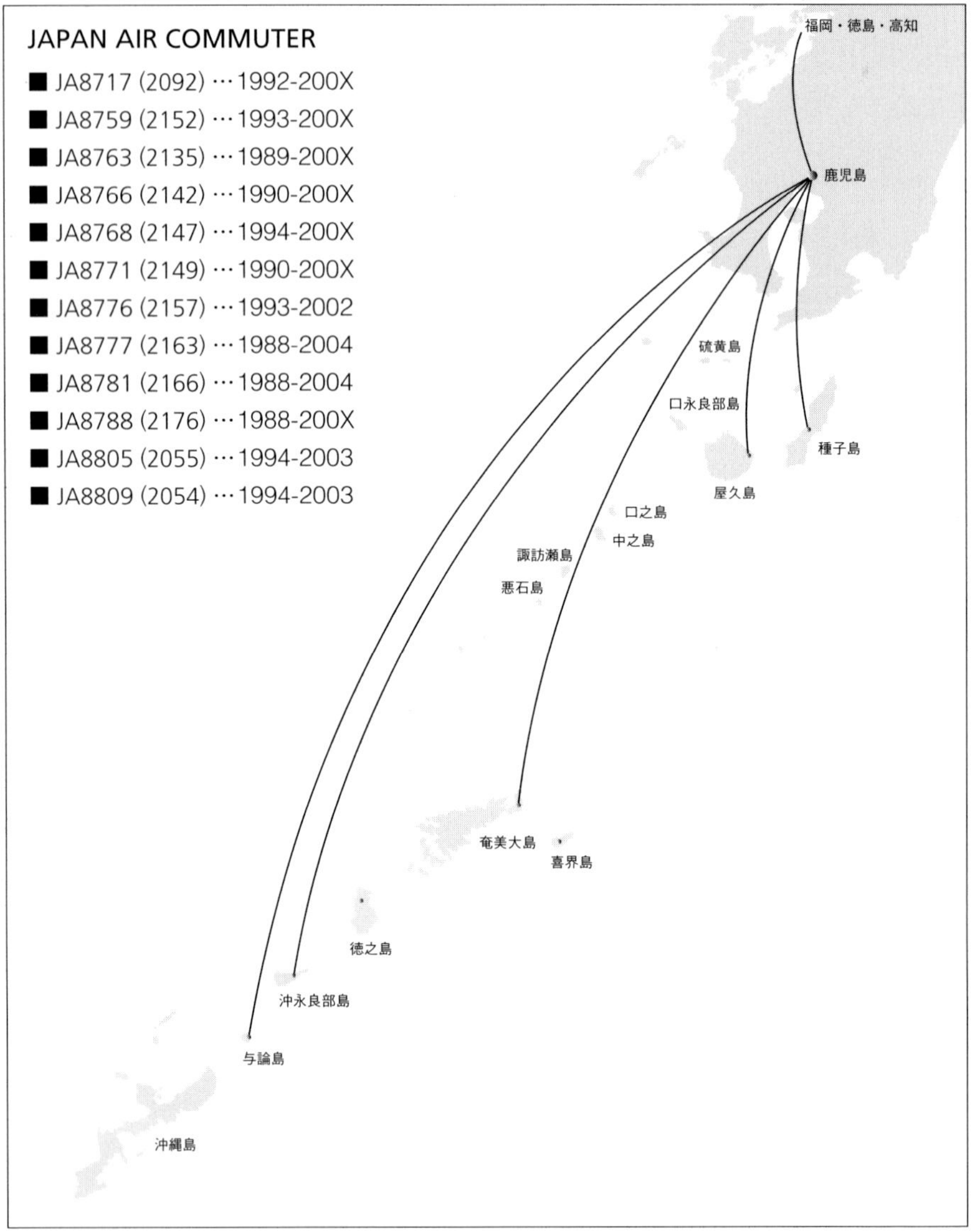

日本エアコミューターは、西日本を中心にネットワークを広げ、三一路線に就航している。主力機は一一機のサーブ340B（36席）、四機のボンバルディア・ダッシュ8Q400（74席）、そして七機のYSである。二〇〇五年度までにQ400は六機（九機を発注）となりYSは二〇〇六年末までに順次退役する。

日本のエアラインからYSが退役する日

二〇〇一年一月四日、国土交通省は二〇〇三年九月末までに、すべての旅客機に航空機衝突防止装置（ACAS）と空中衝突警告装置（TCAD）の装備を義務化した。YSについての航空機衝突防止装置（ACAS）の経過措置は五年後の二〇〇六年一二月三一日となった。空中衝突警告装置（TCAD）の改造費用は約一〇〇〇万円、航空機衝突防止装置（ACAS）は約八〇〇〇万円となるため、YSにACASが装備されることはなく、エアーニッポンと日本エアコミューターはYSの退役を決めた。

エアーニッポンは二〇〇一年六月三〇日、大島線がラストフライトを迎え、七月一日からエアーニッポンネットワーク（A-Net）のボンバルディア・ダッシュ8が就航した。丘珠ベースも順次A-Netに移管し、YSは次々と丘珠を去っていった。そして二〇〇三年八月三一日、女満別―千歳便を最後に退役した。エアーニッポンの路線から退いたYSは、タイの新興エアライン、プーケットエアに引き渡された。

日本エアコミューターは日本国内でYSを運航する最後のエアラインとなった。JACは一二機のYSを運航していたが、YSの後継機にカナダのボンバルディア・ダッシュ8Q400の採用を決め、二〇〇三年二月に一号機が大阪―出雲線に就航。二〇〇三年に三機のYSが退役となり、二機は青森県の博物館、一機は能登空港にある日本航空学園（石川県輪島市）へ引き渡された。二〇〇四年四月には、四機目、そして五機目となるYSが退役、共に日本航空学園が購入し、未来の航空整備士育成のために役立てられるという。JACのYS路線は、二〇〇一年に一六路線あったが、二〇〇四年には鹿児島から種子島、屋久島、奄美大島、沖永良部島、与論島と、鹿児島から福岡を経て高知、徳島の八路線となった。

第Ⅱ章 世界の翼へ

フィリピンへ初めて海外進出を果たしたYSは、北米、南米、東南アジア、ヨーロッパ、そしてアフリカへと輸出された。一〇年余りで海外のエアラインから退役したYSは、二次ユーザーへ売却され、さらに世界の空へその翼を広げた。一九八〇年代には、北米で四〇機以上のYSが飛ぶこととなった。航空王国アメリカで、YSの黄金時代があったのである。一九九〇年代には中米メキシコやカリブ、そしてフィリピンの新参エアラインがYSを購入し運航を始めた。二一世紀となった現在でも、日本国内はもとより世界の空を飛ぶYSを見ることができる。

写真は、一九八〇年代に二二機を導入したミッドパシフィック航空のYS。ハワイのカウアイ島での撮影。

海外デビュー

一九六五年（昭和四〇年）の秋、フィリピンの美しい島々の上空を飛ぶ国産旅客機YSの姿があった。フィリピナス・オリエント航空（FOA）はバス事業で成功を収め、航空事業に進出してきた企業であったが、ライバルのフィリピン航空が国内線にフォッカーF27とホーカーシドレー748を採用したため、新鋭機を導入しさらなる躍進を目指した。そしてFOAは、一九六五年九月三日にYS二機の売買契約を日航製と締結、YSにとって国際市場への第一歩が踏み出された。

FOA向けの一二号機は七月二〇日に初飛行し、一〇月一九日に名古屋の小牧工場で引き渡された。純白のボディにブルーのライン、ドアにはフィリピンの国旗と「PRESSURIZED（与圧）」と「RADAR　EQUIPPED（レーダー装備）」の文字が描かれ、キャビンはライトブルーのシートにFOAマーク模様が入ったカーテンと、明るい内装が施された。国産旅客機YSは東シナ海、北回帰線を越えフィリピンに飛び、マニラでは副大統領がYSを出迎え、盛大な歓迎式典が行われた。YSが初めて海外にデビューした日であった。

しかし、YSのマーケットと考えられていた東南アジアでは、エアラインの多くは財政事情が悪く新型機を導入できる状態ではなかった。そのため海外輸出は、世界の中型機マーケットの多くを占めるアメリカ市場に向けられた。

航空大国アメリカへの挑戦

一九六六年九月一五日、国産旅客機が史上初めて太平洋を渡った。サンフランシスコまでの総飛行距離は約一万一〇〇〇キロ。YSの最大航続距離は二三〇〇キロのため、機内に補給用のゴムタンクを装備し、羽田からウェーク島まで約三二六〇キロ、ウェーク島からホノルルまで三七四〇キロ、そしてホノルルからサンフランシスコまで三九六〇キロを飛び、九月一八日に到着した。サンフランシスコでは、大手ローカル会社一三社が集まるローカル輸送航空会社協会(ALTA)秋季会議の会場でデモフライトを披露した。デモフライトに訪れた米国の航空技術者の多くは日本の航空技術を高く評価したという。その後、サンフランシスコからロッキーを越え、デンバーのエアショー会場を訪れ、さらにセントルイスで開催されていたビジネス機ショーに参加、マイアミでは地元の航空会社にデモフライトを行った。続いてピードモント航空の本拠地ウインストン・セーラム、そしてワシントン・ナショナル空港に降り立った。

アメリカ国内でのデモフライトの総飛行距離は約七〇〇〇キロに及んだ。北米デモで使用された二六号機は、米国でYSの販売代理店となったマイアミのシャーロット社に保管された。

南アメリカへの旅立ち

一九六七年一月二五日、二六号機は南米デモフライトのためマイアミを出発した。ジャマイカ、パナマ、コロンビア、エクアドルを経由して二七日にペルーのリマに到着した。ペルーのランサ航空は一九六六年一二月にYSのリース・アンド・パーチェス*の仮契約を結んでおり、リマではYSの飛行性能や運航に関する試験が行われた。さらに二六号機はリマからアルゼンチンのブエノス・アイレスに向かった。ブエノス・アイレスでは、アルゼンチン航空と軍の関係者にデモフライトを実施した。そしてパラグアイを経由してブラジルのリオ・デ・ジャネイロへ。リオ・デ・ジャネイロではクルゼイロ航空とヴァスプ航空にデモフライトを行いサン・パウロ、パラグアイを経て再びリマへ戻った。

*—航空機を購入する方法に、リースで使用したのち正式に購入する、リース・アンド・パーチェス契約がある。

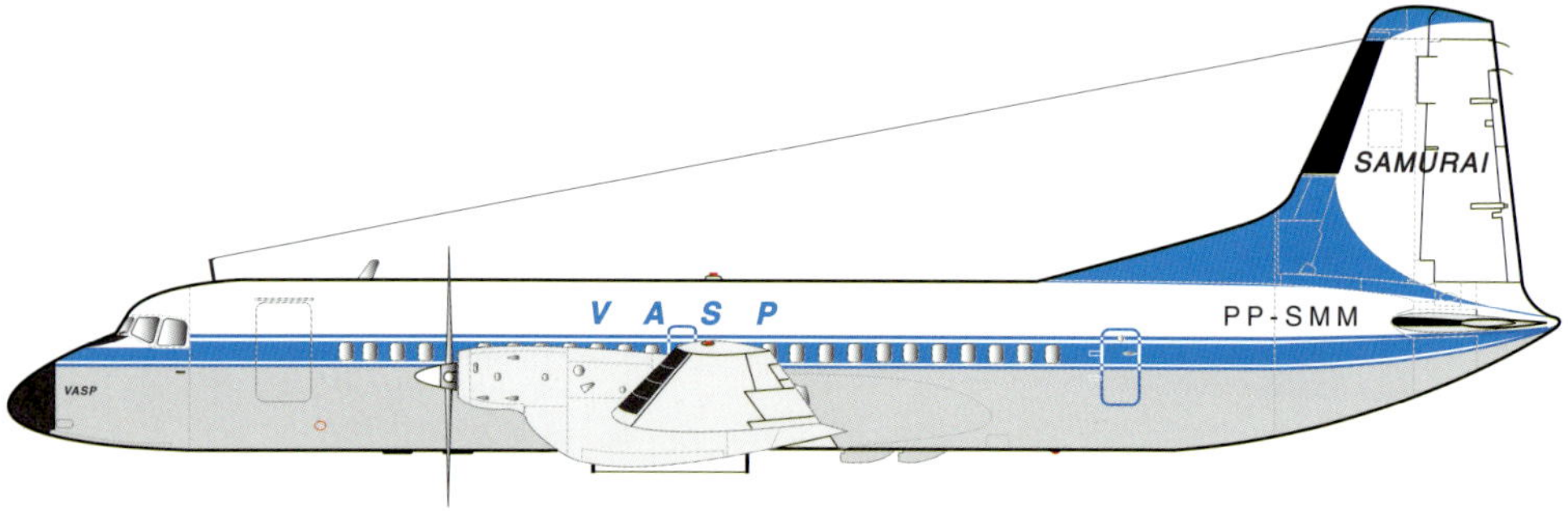

ヴァスプ航空の2079号機PP-SMM。YSは「サムライ」と命名され
ブラジル国民から人気を集めたという。広大なブラジル平原を飛び
1977年まで使用され、東亜国内航空へ売却された。

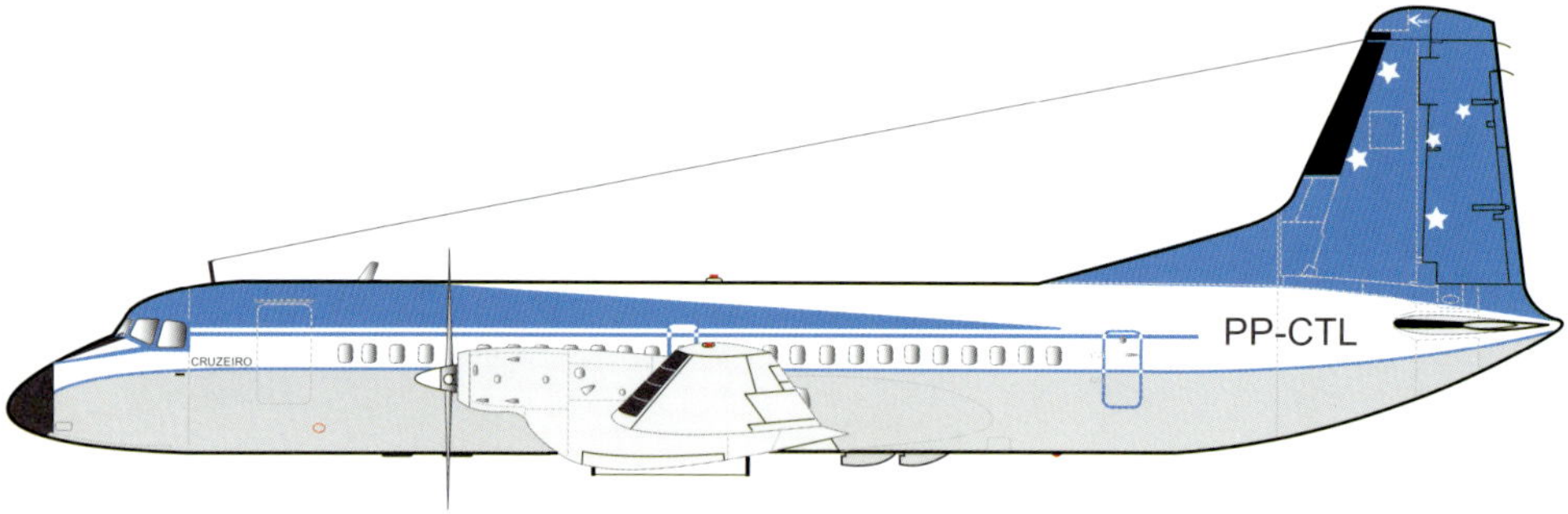

ブラジルのクルゼイロ航空で活躍した2083号機PP-CTL。
垂直尾翼には南十字星（クルゼイロ）がマーキングされた。
1973年に南西航空が購入、日本トランスオーシャン航空を経て
1999年8月、エア・フィリピンへ売却された。

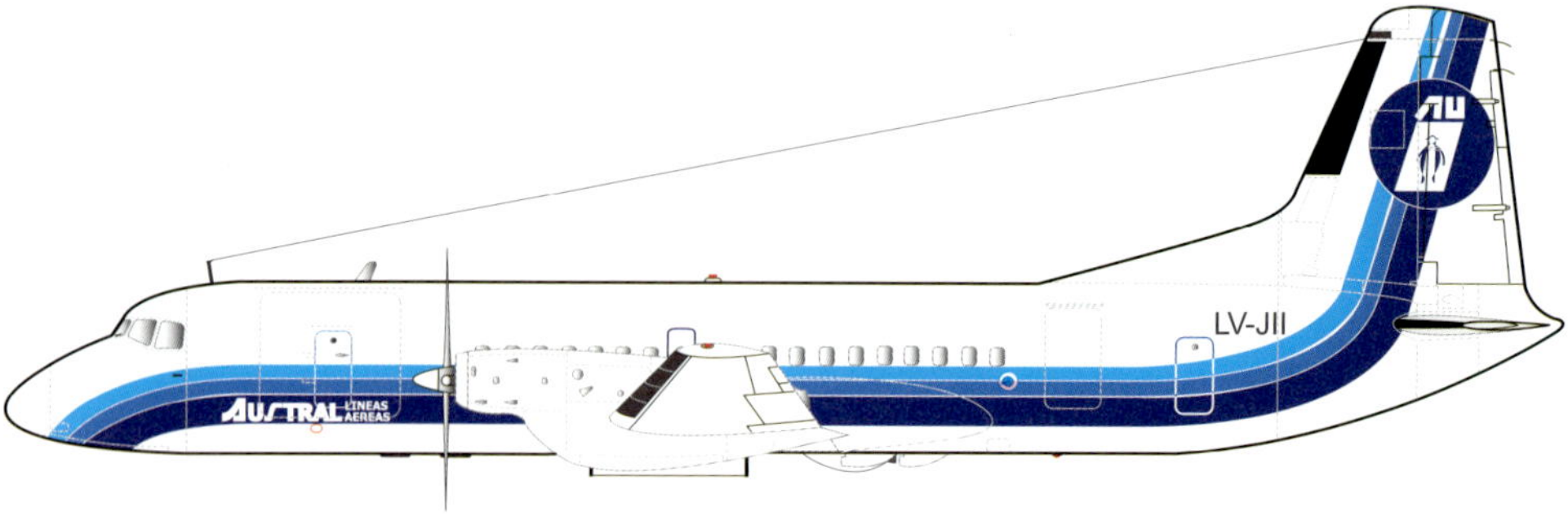

オーストラル航空LV-JII2086号機、貨客混載型300型。
1979年8月に同国のラパ航空が購入し1981年まで使用され、
ハワイのミッドパシフィック航空へ売却された。

アルバ
アルバ島
キュラソー島
トリニダード＝トバゴ
ポート・オブ・スペイン
ARUBA
Air Aruba 1988-1993
ベネズエラ・
ボリバル共和国
ジョージタウン
ガイアナ
協同共和国
スリナム
共和国
ギアナ
コロンビア共和国
Republic of TRINIDAD and TOBAGO
Air Caribbean 1993-2000
エクアドル
共和国
アマゾン川
ベレン
マナウス
イキトス
レティシア
アマゾン盆地
チクラヨ
カハマルカ
▲ワスカラン山
6768
ブラジル連邦共和国
レシフェ
マセイオ
ペルー共和国
リオ・ブランコ
リマ
クスコ
▲アウサンガテ山
6394
マト・グロッソ高原
ナスカ
チチカカ湖
イヤンプ山
▲6485
ブラジリア
Republic of PERU
LANSA 1967-1970
アレキパ
ボリビア共和国
ブラジル高原
タクナ
サンタ・クルス
ベロ・オリゾンテ
ヴィトリア
カンポ・グランデ
パラグアイ
共和国
サン・パウロ
リオ・デ・ジャネイロ
フロリアノポリス
ポルト・アレグレ
Federative Republic of BRAZIL
CRUZEIRO 1967-1979
VASP 1968-1977
サン・ファン
コルドバ
サンタ・フェ
アコンカグア山
▲
6960
メンドサ
ロサリオ
ウルグアイ
東方共和国
サンティアゴ
▲
6800
ドゥブンガト山
モンテビデオ
ブエノス・アイレス
アルゼンチン
共和国
チリ共和国
マル・デル・プラタ
ネウケン
バイア・ブランカ
ARGENTINE Republic
Aerolineas Argentinas 1967-1968
Austral Lineas Aereas 1969-1979
LAPA 1979-1983
コモドロ・リバダビア
パタゴニア
リオ・ガエゴス
マゼラン海峡
ホーン岬

南米デモによりペルーのランサ航空を始め、ブラジルのヴァスプ航空、クルゼイロ航空、国営アルゼンチン航空、オーストラル航空と次々と商談が成立した。

「ナスカの地上絵」を飛び越えて

ペルーの首都リマは太平洋に面した港町。当時リマ空港では、ボーイング707や四発レシプロ機コンステレーションが見られた。YSはリマを拠点にイキトス、カハマルカ、アレキパ、チリとの国境の都市タクナなどの都市へ就航した。リマからアレキパまでは約二時間のフライト。東側には標高六〇〇〇メートルを超すアンデス山脈が、西側には茫洋《ぼうよう》たる太平洋が広がっていた。どこまでも続く海岸線を南下すると、広大な砂漠の中に「ナスカの地上絵」を見ることができた。YSは古代からのメッセージを読みとることができたのだろうか。リマから一〇三〇キロ南のペルー第二の都市アレキパは標高二三三五メートルにある。北側には標高五八二一メートルのミスティ山と六〇七五メートルのチャチャニ山の高峰が聳《そび》え立つ。ペルーの多くの空港は標高が高く、酸素濃度の低い高地での運航は、エンジン馬力に余裕のないYSにとって厳しい飛行となった。就航地によっては乗客や貨物の搭載量も大幅に制限し運航された。

ランサ航空は、米国のイースタン航空が資本参加し、七機のロッキード・コンステレーションを運航していたが、一九六六年四月にアンデス山脈で墜落事故を起こしたため、六ヶ月の運航停止処分となり、イースタン航空は撤退した。同社では新機材を購入し会社の再建を図っていたところでYSの商談が成立した。一九六七年四月、四機のリース・アンド・パーチェス契約が締結され、一九六七年四月に南米デモフライトの使用機二六号機と三五号機、六月に四〇号機、一二月に四六号機が引き渡され、それぞれ「マンコカパック」、「シンチロカ」、「ヨケユパンキ」、「マイタカパック」とインカ帝

■一九六七年四月、アレキパ空港で高地飛行場における離着陸試験が行われ、海抜三六六〇メートルまでの飛行場の使用が認められた。

国の皇帝の名前が付けられた。日航製では支援チームを派遣して、ランサ航空の運航体制強化に努めた。YSの他に二機のロッキード・エレクトラを導入したが、ランサ航空の業績は好転せず、一九六九年五月に二六号機、九月に三五号機が日本へ戻された。

一九七〇年三月にYSが胴体着陸、八月にエレクトラの墜落事故が発生し運航は停止、ランサ航空は日航製にほとんど支払いもせず破産した。日航製は残ったYSの引き上げを求めたが、ランサ航空は高地での運航に問題があったとして訴訟へと発展した。差し押さえられたYSは、一九七五年までペルーに残されてしまったが、債権者そしてランサ航空と和解し、四〇号機と四六号機は、三ヶ月に及ぶピードモンド航空の整備クルーによる点検を受けリマを飛び立った。

■高峰が連なるペルーでは、多くのエアラインが参入、そして撤退した。高性能のジェット機が飛ぶようになってからは、ビジネスとして航空会社が存続できるようになった。

地球の裏側アルゼンチンで

アルゼンチン航空は、国内線に就航していたカラベル6Rとホーカーシドレー748の代替機にYSを採用、一九六七年一〇月にリース・アンド・パーチェス契約を締結した。アルゼンチン航空は一九四五年五月、アルゼンチンの大手エアライン四社を統合、フラッグ・キャリアとして誕生した。一九六七年一一月に四五号機、一二月に三一号機が引き渡されたが、翌年アルゼンチン政府の内部抗争から同社の経営陣が更迭、購入契約は白紙撤回されてしまった。一九六八年八月に返還された二機のYSは東亜航空が購入、しばらくの間アルゼンチン航空のカラーリングで運航された。

一九七一年、アルゼンチン国内大手のオーストラル航空とエアロトランスポート・リトラル・アルゼンチン（ALA）が合併しオーストラル航空が設立された。オーストラル航空は一一機のダグラスDC-6Bレシプロ機を運航していたが、長距離路線にBAC111双発ジェット機、中・短距離路線にYSを採用、合併前の一九六八年一〇月に三機の貨客混載型（300型）の契約を結んだ。一九六八年一二月に八六号機と八七号機、一九六九年六月に八八号機が引き渡された。

オーストラル航空はブエノス・アイレスを拠点に国内二四都市とウルグアイのモンテビデオに就航していたが、ジェット化を進め、一九七九年に三機のYSは退役、ブエノス・アイレス近郊のサンタフェを本拠地とするラパ航空（LAPA）へ売却された。ラパ航空は一九八一年にボーイング737-200型アドバンスを導入、YSはハワイのミッドパシフィック航空に売却された。

ブラジル平原を「サムライ」が飛ぶ

ブラジルは南アメリカ最大の面積をもち、日本の約二三倍もある広大な国である。国土の大部分がブラジル高原で北部にはギアナ高地があり、全長六二四〇キロのアマゾン川の流域は盆地が広がる。

一九六七年六月にクルゼイロ航空、一九六八年一月にヴァスプ航空とYSの購入契約が締結された。YSは国内最大の幹線、リオ・デ・ジャネイロ—サン・パウロ線に両社合わせて一日二〇便を運航、またマナウスを中心に上流はリオ・ブランコ、下流はベレンに至るアマゾン川奥地を結ぶローカル路線や、国境を越えての国際線に活躍した。

クルゼイロ航空とは一九六七年、四機の購入と四機のリース契約が交わされ、八月に四一号機、四二号機、四三号機、九月に四四号機の100型がリースされた。一九六八年一月には一三機のコンベア240とコンベア340の下取りを条件に四機が追加契約され、八機の200型が輸出されることになった。一九六八年三月に一番機となる五四号機と五五号機が就航。そして五月に六三号機と六四号機、一〇月に八〇号機と八一号機、一一月に八二号機と八三号機が引き渡された。

クルゼイロ航空のYSには、ジャングルに不時着した時のための安全装備が備えられていた。カラーリングは垂直尾翼に南十字星、胴体はブルーのラインと美しい塗装が施された。リオ・デ・ジャネ

■一九六〇年代のブラジルの国内線には国営バリグ航空と、大手のヴァスプ航空、クルゼイロ航空、サディア航空があり、バリグ航空とサディア航空は既にホーカーシドレー748を採用していた。クルゼイロ航空とヴァスプ航空に対して、ホーカーシドレー社と米コンベア社がライバル機のセールスを展開していた。

イロとサン・パウロの幹線と地方都市を結び、さらにアマゾン中央部にあるマナウスを拠点にアマゾンを遡《さかのぼ》り、国境を越えコロンビアのレティシア、ペルー共和国アンデスの麓にあるイキトス、そして大西洋岸にあるガイアナ協同共和国のジョージタウンへの国際線に就航した。またサン・パウロからボリビア共和国のサンタ・クルスへの長距離路線にも飛んでいた。

一九七〇年代になると、ブラジルの急速な経済成長により航空需要も急増、クルゼイロ航空はジェット化を進めるため、ボーイング727-100型とボーイング737-200型を就航させた。YSは余剰となり、一九七二年一〇月に八二号機を米国のパシフィック・サウスウエスト航空に売却。一九七三年一〇月に八三号機、一九七四年四月に六四号機が沖縄の南西航空、一九七七年八月に八一号機、一一月に五五号機、一九七九年一月に五四号機が東亜国内航空に売却された。五機のYSは太平洋を越え日本へ戻った。六三号機は一九七二年一〇月に、八〇号機は一九七七年四月に着陸事故で廃棄処分となった。八〇号機はその後ブラジル国内でレストランとして使用された。

ヴァスプ航空（VASP）は一九三三年に設立された公営企業で、株主はサン・パウロ州とサン・パウロ市であった。一九三四年から国内定期路線に就航、北はマナウスから南はポルト・アレグまで五万二三〇〇キロにネットワークを広げた。一九六八年二月に200型六機のリース契約を結び、四月から二機のリース機が引き渡されたが、八機のダグラスDC-4を下取ることで購入契約に切り替わった。一番機となった六八号機が一〇月、一一月に五九号機と七九号機、一二月に七六号機、一九六九年一月に八四号機、二月に九一号機が引き渡された。YSは「サムライ」と命名され、ボーイング737-200型と共に同社の主力機として運航された。「サムライ」は広大なブラジル平原を飛び活躍したが、一九七一年一一月に七六号機がアラガルサス空港で破損、修復作業中に火災を起こし用途廃止となった。一九七二年四月一二日、五九号機がリオ・デ・ジャネイロ北方五〇キロ地点の山中に墜落。一九七三年一〇月二三日には六八号機が、リオ・デ・ジャネイロのサントスデュモン空港でオーバーラン事故を起こしグアナバラ湾に水没した。三機のYSが事故で失われたが、九一号機は一九七四年三月に米国のパシフィック・サウスウエスト航空に売却、七九号機と八四号機は一九七七年に東亜国内航空が購入し日本へ戻った。

アメリカで国産旅客機YSが定期路線に就航

一九六六年八月、ハワイアン航空と三機のリース契約が締結された。一番機となる二九号機が一一月に引き渡され、さらに一二月には三〇号機と三一号機がホノルルに到着した。ハワイアン航空向けのYSには、米国の運航規則に合わせるため電子航法装置（DME）、フライトレコーダー、ボイスレコーダーを装備した。YSはホノルルをベースにカウアイ、モロカイ、ラナイ、マウイ、ハワイの島々へ就航した。ハワイアン航空のカラーリングは、胴体に赤いストライプと「HAWAIIAN」の文字、垂直尾翼には赤いラインと「JETPOWER」の文字がマーキングされた。

ハワイアン航空は、ライバル関係にあったアロハ航空が、一九六六年六月にBAC111ジェット機を就航させたため、一九六七年から大型のダグラスDC-9-30型（一一五席）を導入し、ターボプロップ機の退役を早めた。一九六七年一〇月に三一号機、一九六八年九月に二九号機と三〇号機が日航製に返却された。ハワイアン航空では一九二九年に初めて購入したシコルスキーS38以来、機体にフリートナンバーが与えられている。ハワイで飛んだYSは、ハワイアン航空の四五号機から四七号機として同社の履歴に記録された。

ハワイアン航空からは、YSの客室の騒音と振動、空調システムの能力不足を指摘された。日航製は、騒音対策として内装防音材の追加と油圧システムの設計変更に着手することにし、振動については、プロペラメーカーのダウティ・ロートル社に調整を依頼した。またキャビンのデザインが大柄な

■ハワイアン航空は、一九二九年にインターアイランド航空として設立、二機のシコルスキーS38水陸両用機を導入して定期運航を始めた。一九六六年にYSとコンベア640（五六席）、二機のダグラスDC-9-10型双発ジェット機（八八席）を就航させた。

米国人乗客には不評だった。座席の上にあるハットラックの高さが、窓側で床から約一・五メートルと低く、しかも乗降口の高さも一・六メートルだったため、頭をぶつける乗客も多かった。

国内及び海外に就航したYSは「近代的旅客機」となるため改良が施されることになった。そして米国輸出を考え、発展型となるA型の開発を始めた。YSの設計は日本人の平均体重を計算したため、米国で運航するには荷物を制限しなければならず、また、航空会社のオプションを装備すると自重が増え、最大ペイロードが減ることになってしまった。A型は最大離陸重量を一トン増やし、YSの大きな収容力をフルに発揮した運航ができるようになった。五〇号機のピードモント航空向けから生産はA型に移行された。

ハワイからワシントンD・Cへ

ピードモント航空向けの一番機となった五〇号機「チェリーブラッサム・ペースメーカー」は、一九六八年五月一九日ウインストン・セーラムを飛び立ち、ワシントン・ナショナル空港に降り立った。アメリカ本土で初めて日本の旅客機が定期便として就航したのである。

一九六七年一〇月二七日、米国ローカル航空の最大手ピードモント航空は、確定発注一〇機、オプション一〇機の正式契約に調印した。ピードモント航空は旧式となったマーチン404の後継機に、米フェアチャイルド・ヒラー社のFH227（フォッカーF27）を導入したが、小さな飛行場や山岳地帯の多い路線では、非経済的な重量制限による運航となったため、新たに新機種を検討しYSが採用された。ピードモント航空仕様のYSは、ボーイング737に準じた装備を搭載した。ペイロードの増加、電子航法装置と緊急脱出装置の強化、カテゴリーⅡ自動着陸装置、補助動力装置（APU）、米国仕様のギャレー、水洗便器の装備と大がかりな改造となった。

■ピードモント航空は、アメリカ南部のアパラチア山脈の東側に広がる、ノースカロライナ州ウィルミントンで一九四〇年に設立された。一九四八年からウィルミントンからオハイオ州のシンシナティへダグラスDC-3を使用して運航を始め、バージニア、ミシガン、ケンタッキーなどの都市へ就航、一九五五年にワシントンへ乗り入れを果たした。一九六〇年にはアトランタ、ニューヨーク、シカゴ線を開設、米東海岸から中央部へ路線網を広げた。フリートはDC-3からマーチン404、一九五八年にフォッカーF27を導入、一九六八年からボーイング737-200と共にYSが主力機として就航した。

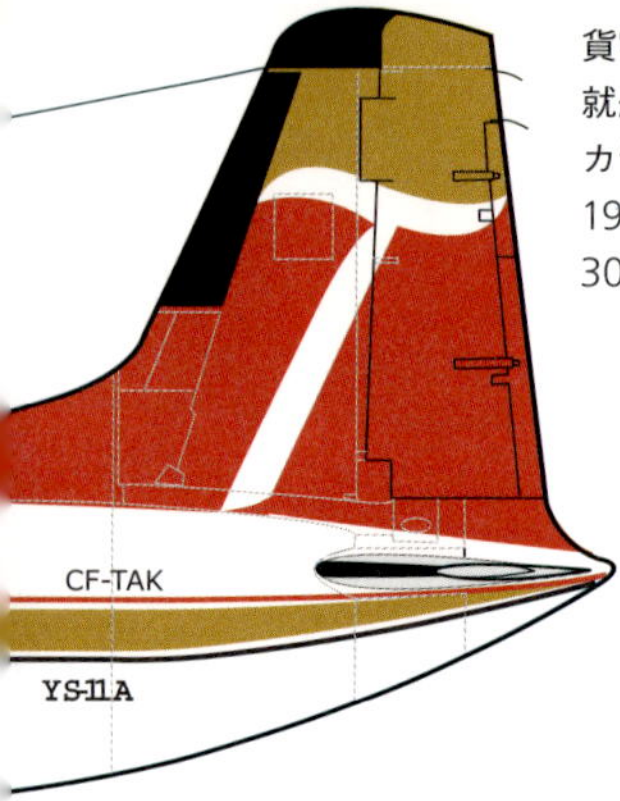

貨客混載300型を初めて採用したカナダのトランスエア。
就航地によって、キャビンは旅客と貨物スペースの大きさを変更し運航された。
カラーリングはホワイトボディにレッドとゴールドのストライプと、
1970年頃としてはモダンなデザインだった。
300型（600型）はアラスカ、アフリカなどのエアラインに人気があった。

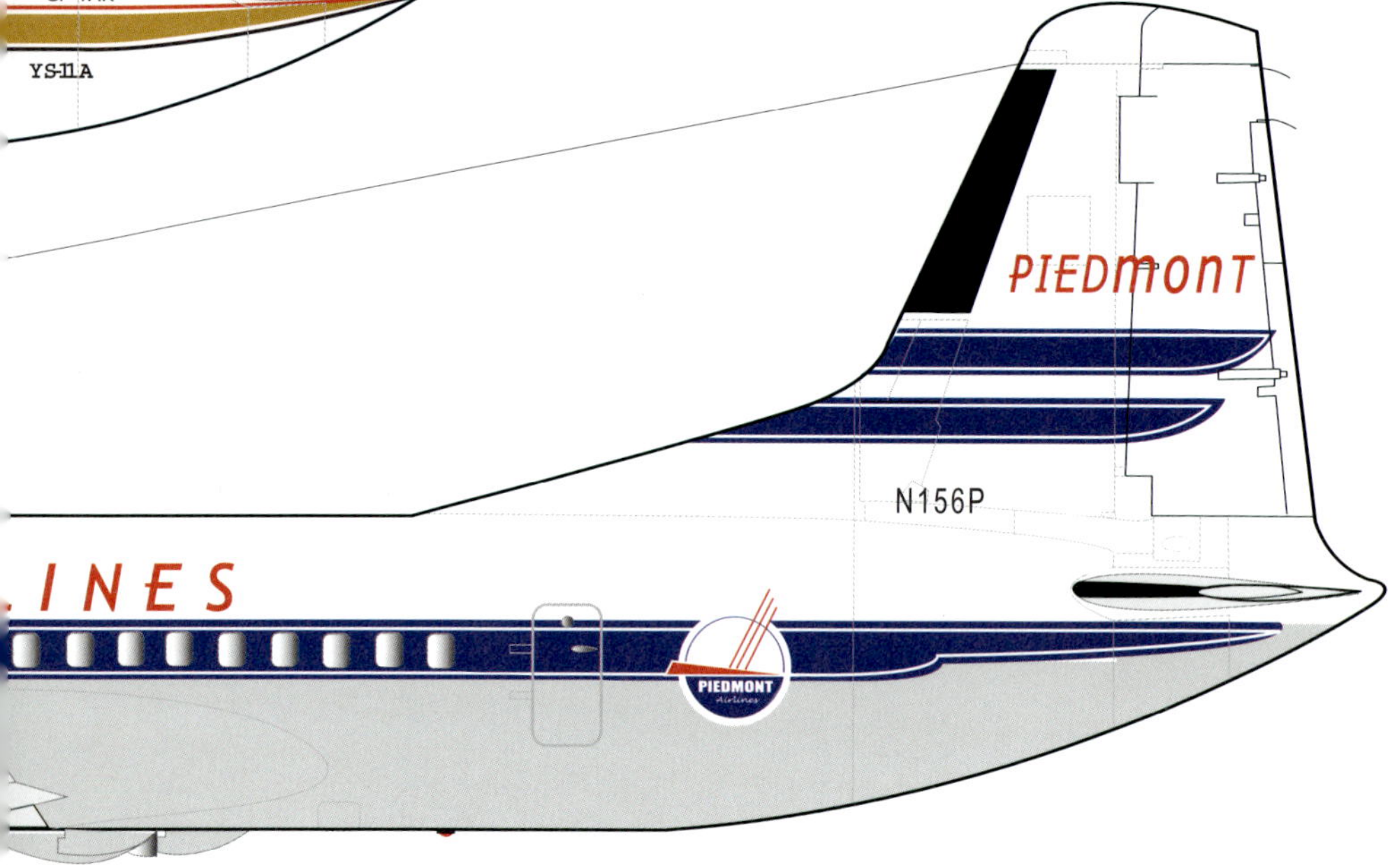

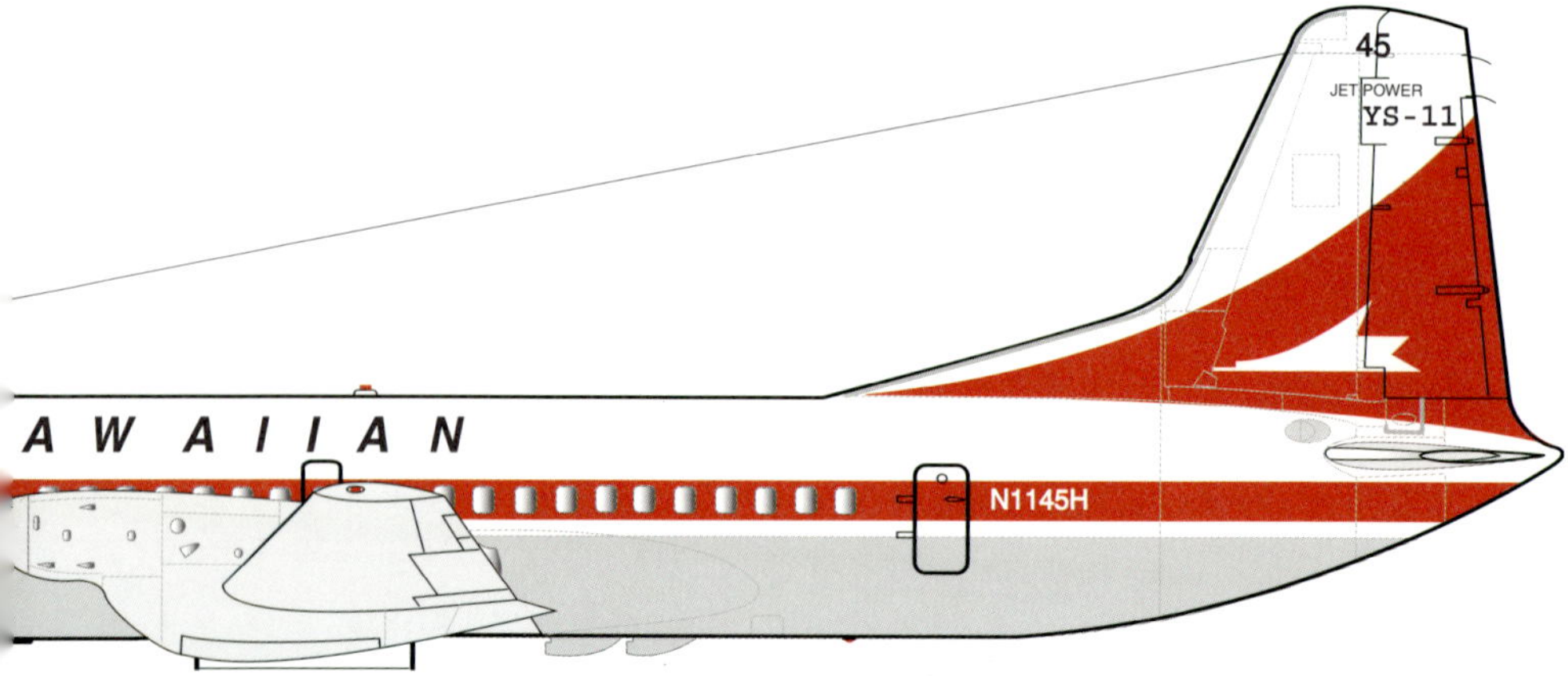

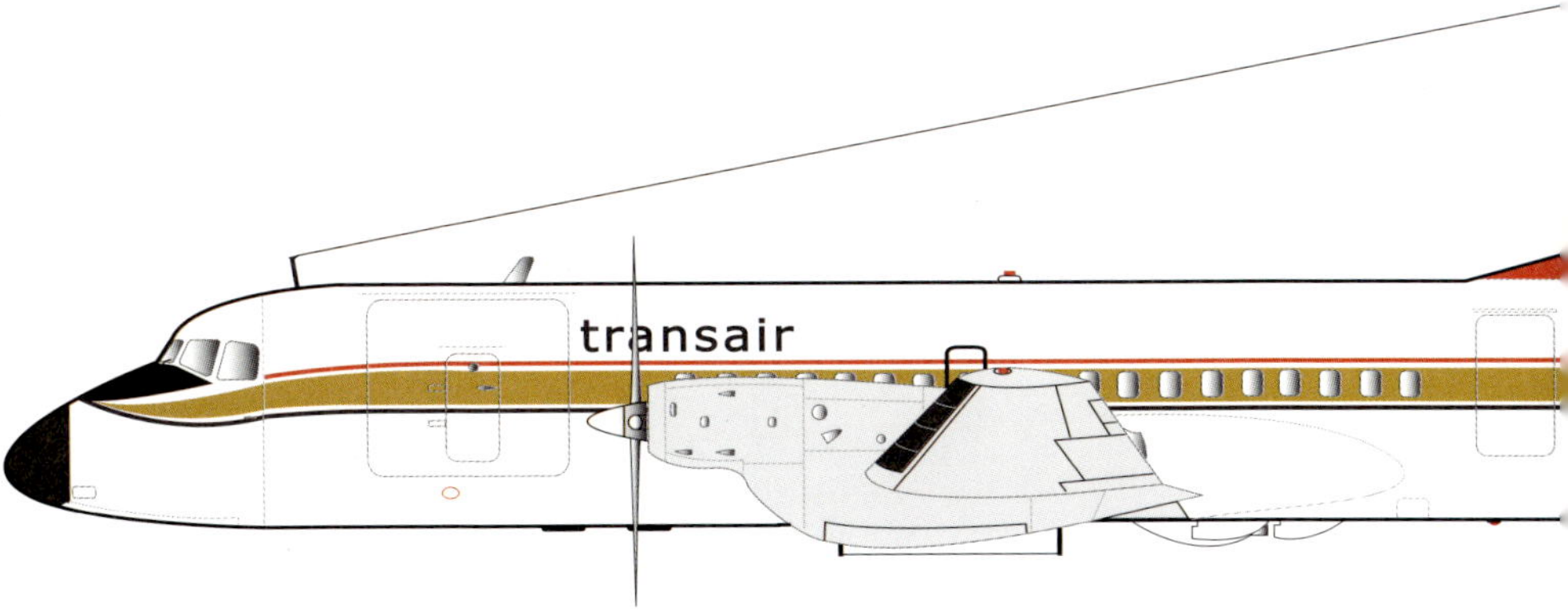

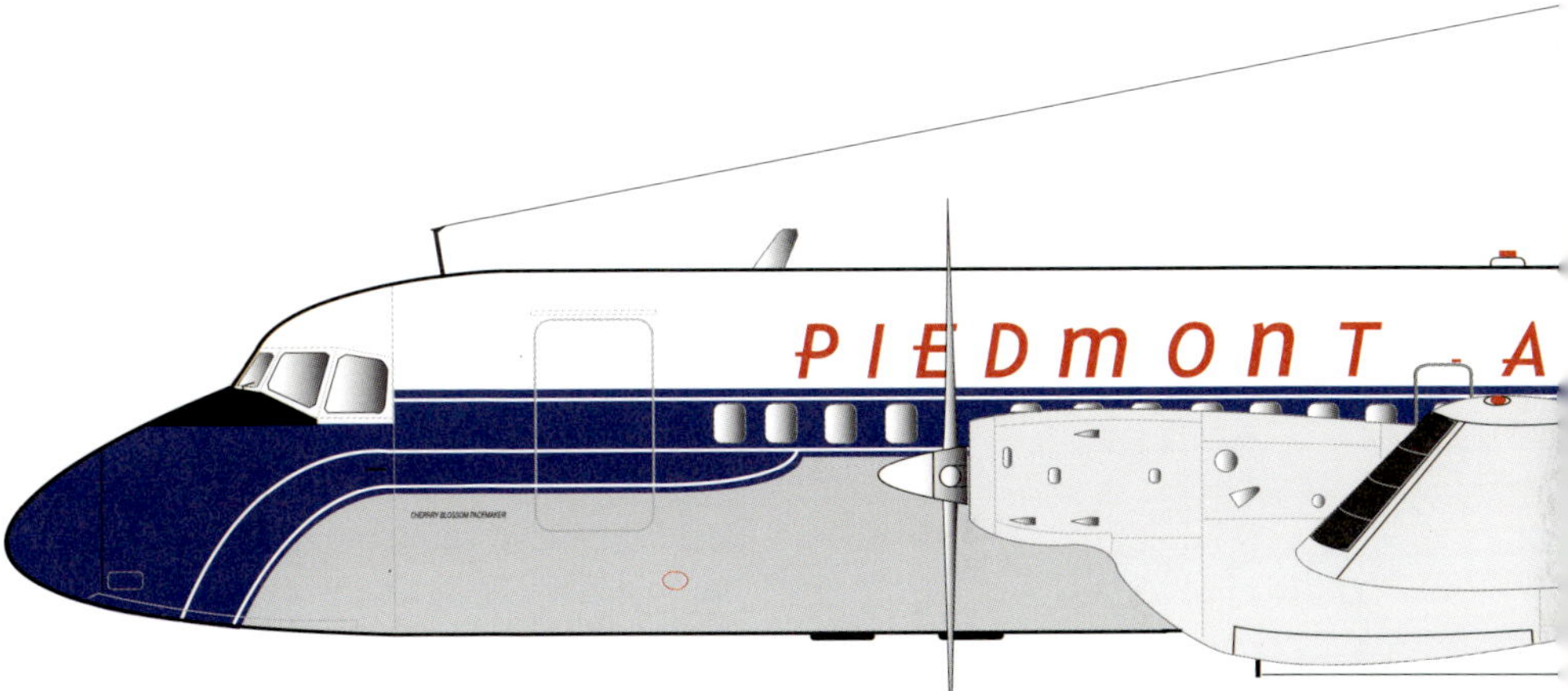

ピードモント航空は23機のYSを購入、
米国南東部12州83都市へ就航した。
ピードモント仕様の205型は、ボーイング737と同様の各種装備を搭載し、
キャビン設備の近代化、乗降口の大型化など数々の改修が施された。
航空大国アメリカで活躍したYS-11は世界の翼となった。

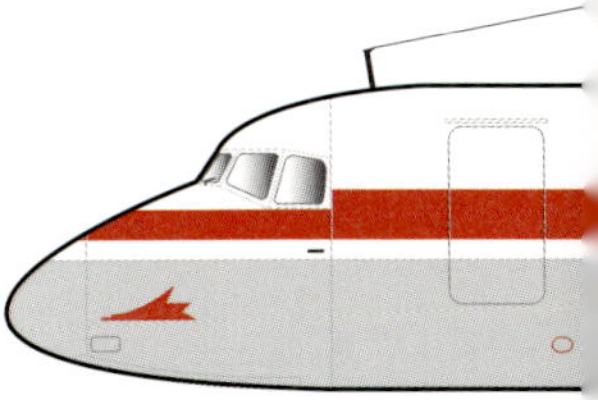

ハワイアン航空は3機のYSをリースし
ホノルルをベースにハワイの島々を結ぶ
アイランド・ホップに就航させた。
YSは量産初期の100型だったため、
キャビン・デザインや振動・騒音など
不評が多かった。改修箇所はA型の開発に反映され、
YSは近代旅客機へと変貌した。

第一次発注のYSは一九六八年五月から一九六九年四月までに引き渡された。一九六八年一二月二三日には、オプション一〇機と追加分一機が正式発注され、一九六九年一〇月から一九七〇年二月までに引き渡された。その後一九七五年には、ペルーのランサ航空で使用された二機を購入し二三機のYSを保有した。

ワシントンD・CでのYSの発着は一日三〇便近くとなった。YSの就航路線は中小都市を結ぶフライトがメインで、平均区間距離は一一七マイル（約一八八キロ）、飛行時間平均三三分の短距離であった。ピードモントの運航路線は、ニューヨークやワシントンの大空港をはじめ、シェナンドアなどの山あいにある空港もあり、YSの優れた飛行性能が十分に発揮された。また補助動力装置（APU）を装備していたため、地上での支援設備の必要がなく、小型飛行機が使用する飛行場にも発着していた。ピードモントにとってYSは経済性と信頼性の高い機体として活躍した。

一九七八年一〇月二五日に発効された米民間航空のデレギュレーション（規制緩和）は、ピードモントにも転機をもたらした。ローカル航空からメジャーを目指しボーイング727-100を導入、デンバー、ダラスなどへの中距離ルートに進出する一方、不採算路線の廃止を進めた。そのため一五機のYSが売却されることとなり、エジプトのピラミッド航空に二機、貨物専用機として改造された一三機がパインハースト航空とエアボーン・エクスプレス社に引き渡

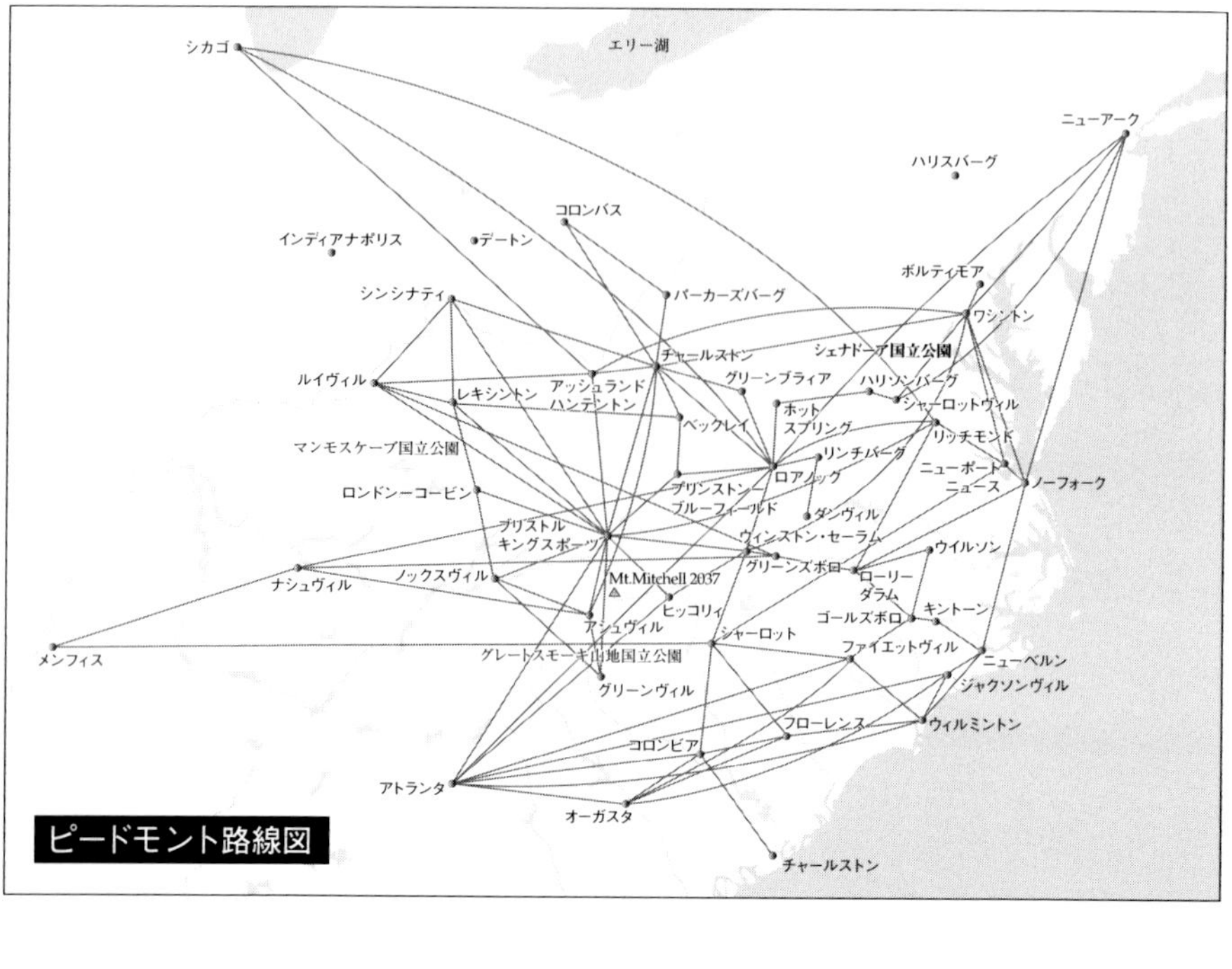

ピードモント路線図

された。四〇号機と四六号機は一九七九年に用途廃止となり、スペアパーツ用機材となった。ピードモントに残った六機のYSは、ジェット機が就航できない路線機材として運用されたが、一九八二年三月一四日、N259P号機のウインストン・セーラムへの運航を最後に退役した。そしてピードモント航空はすべてのフリートのジェット化を果たし、一九八九年にライバル関係にあったUSエアウェイズと合併した。

カナダ大平原プレイリーの上空を飛ぶ

オンタリオ州の西側の地平線まで果てしなく広がる大平原が、マニトバ州とサスカチュワン州で、世界でも有数の大穀倉地帯である。そして、カナダの中継地点として栄えた町がマニトバ州ウィニペグだ。ウィニペグを拠点に運航していたトランスエアは、バイカウントの後継機にYSを採用、一九六七年一一月に仮発注、一九六八年五月六日に本契約が結ばれた。八月に貨客混載の300型二機（七二号機・七三号機）が引き渡され、マニトバ州内と、サスカチュワン州の都市や町に就航した。

トランスエアはハドソン湾に面した北緯五九度にある極北の町チャーチルにも飛び、VIA鉄道で約三六時間の道程を空路三時間で結んだ。チャーチルは人口一一〇〇人の小さな町だが、ハドソン湾の氷結が解ける六月中旬頃から始まる短い夏には、河口に数千頭のベルーガ（白イルカ）、そして一〇月頃にはポーラー・ベア（北極白熊）や北極キツネに遭遇することができる。また天空にはオーロラが出現するため、世界中からたくさんの観光客が訪れる。

トランスエアは一九七八年四月三〇日にパシフィック・ウエスタン航空と合併、二機のYSは米国のパインハースト航空に売却された。

■トランスエアは、一九四七年に創設されたセントラル・ノーザン航空とアークティック・ウイングスが一九五六年に合併し設立された。一九七〇年には不整地でも発着可能としたボーイング737-200、一九七二年にはフォッカーF28フェローシップが導入され、ネットワークを広げた。初期のカラーリングは、胴体の太いラインがゴールド、細いラインがレッドとブラックであったが、新塗装では胴体上面をイエロー、胴体から尾翼まではチョコレート色のラインとなった。

アンカレッジ
3:05
2:05
ポートヘイデン
0:55
コールドベイ
0:35
サンドポイント
コディアク島
トリニティ諸島
チリコフ島
RAA
N169RV

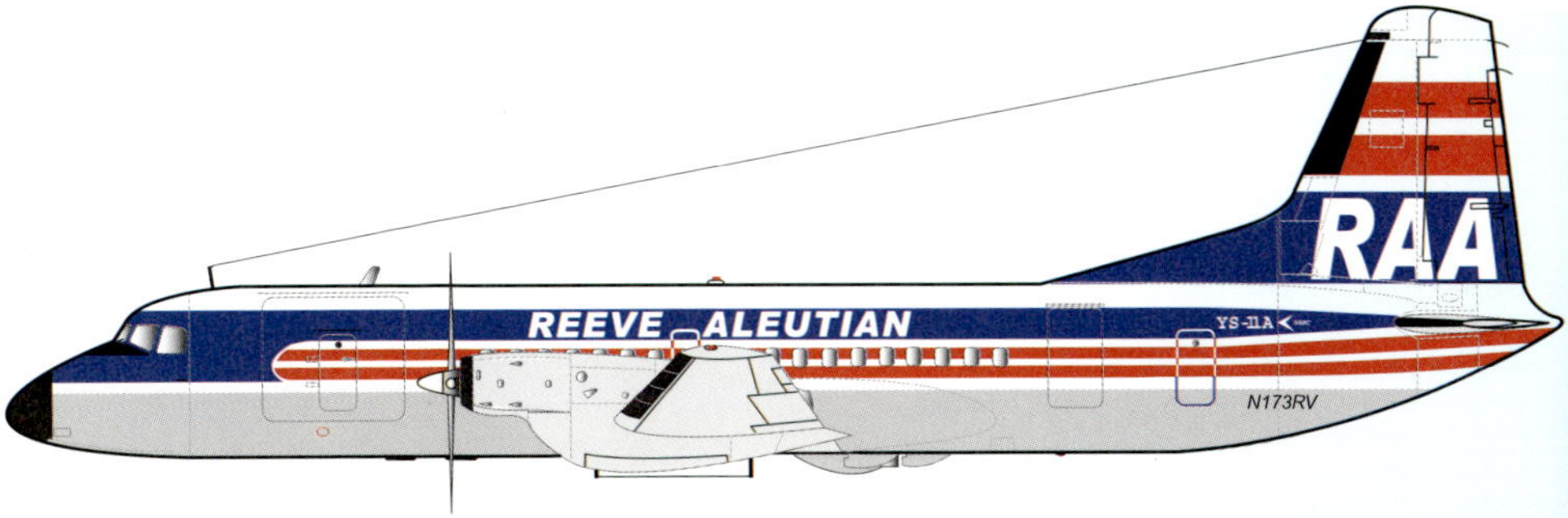

ブッシュ・パイロットとして名高いボブ・リーブは、
創業以来初めて新造機を購入することを決めた。
そして、採用されたのがYS-11Aだった。
ボブ・リーブが創設したリーブ・アリューシャン航空は4機のYSを購入し、
ラストフロンティア・アラスカで30年余りも活躍した。

REEVE ALEUTIAN AIRWAYS YS-11 SCHEDULE 1986							
WESTBOUND				EASTBOUND			
			MO/TU/TH/SA				MO/TU/TH/SA
			FLIGHT 17				FLIGHT 12
ANCHORAGE		L	7:30 AM	UNALASKA		L	3:30 PM
PORT HEIDEN		A	9:35 AM				|
PORT HEIDEN		L	10:10 AM				|
SAND POINT		A	11:05 AM				|
SAND POINT		L	11:35 AM				|
COLD BAY		A	12:10 PM				|
COLD BAY		L	1:00 PM				|
UNALASKA		A	2:05 PM	ANCHORAGE		A	6:35 PM

コールドベイ空港には3000m以上の滑走路があったが、
サンドポイントやダッチハーバーは1200m級であった。
これらの空港へはコールドベイを拠点にDC-3が就航していた。
リーブ・アリューシャン航空のYSは、アンカレッジから
アリューシャン列島のアイランド・ホップに投入された。
N169RVはボーイング727と共に新塗装が施された。

ラストフロンティア・アラスカへ

アラスカは全米で最も広い面積を有し、その三二%が森林に覆われ、陸の孤島のような町や村への移動は飛行機が活用されている。アラスカの夏は五月下旬から九月中旬までと短く、厳寒の冬が長く続く。氷点下の中の運航は想像を絶する世界だ。ウインドシアと呼ばれる突風や濃霧に襲われることも多く、厳しい自然環境の中で飛行機を運航するには、不屈の精神をもったパイロットだけが生きていくことができる。そして「ブッシュ・パイロット」と呼ばれる名パイロットが育った。

二〇〇〇キロに及ぶアリューシャン列島の島々に定期航空路を開設したのが、リーブ・アリューシャン航空である。リーブ・アリューシャン航空の創設者ボブ・リーブは、アラスカを代表するブッシュ・パイロットであった。一九三二年にリーブ・エアーを創設。第二次世界大戦が終結すると、軍から払い下げられたダグラスDC-3を購入し、アンカレッジからシアトルへ定期便の運航を始めた。そして、世界で最も天候の厳しいといわれるアリューシャン列島の島々に定期航空路を開設した。

一九七〇年代に入ると、キングクラブを求め、ウナラスカを訪れる人々が急増した。アリューシャン列島の西端に位置するウナラスカには、有数の良港ダッチハーバーがあり、全米漁港の中でトップクラスの水揚げを誇る。毎年シーズンになると、数千人もの漁師と水産加工場で働く人々がウナラスカにやってくる。

こうした中で、DC-3やDC-6などのレシプロ機の後継機が選ばれることになり、そして二機のYS貨客混載型（600型）が採用された。アリューシャン路線は乗客のほかに貨物の需要も多く、キャビン前方を貨物室、後方を客室と隔壁で変更できるYSの評価はとても高かった。リーブ・アリューシャン航空は、創設以来、初めて新型機として購入したのがYSであり、しかも支払いは全額キャッシュだった。一七二号機は一九七二年九月二三日に名古屋を離陸、ウェーク、ハワイそして米国本土を経由してアラスカに向かった。一〇月二日にアンカレッジで引き渡され、五日にアンカレッジ郊外のキャンベル飛行場で、非舗装滑走路での離着陸試験を行った。その後、アリューシャン列島のポートヘイデン、ポートモーラー、サンドポイント、ウナラスカ、ニコルスキなどの砂利やバラストなどの滑走路でテストが行われた。

YSはアリューシャン列島の島々に寄港しながら、アンカレッジからウナラスカまで運航していた。週四日運航されていたウエストバウンド一七便は、アンカレッジを午前七時三〇分に出発、二時間五分後の九時三五分にポートヘイデンに到着、三五分後の一〇時一〇分にポートヘイデンを出発、五五分のフライトで一一時〇五分サンドポイントに到着。サンドポイントを一一時三五分に出発し、コールドベイへは一二時一〇分に到着、コールドベイを一三時〇〇分に出発し、最終目的地ウラナスカに一四時〇五分到着した。帰路便となるイーストバウンド一二便は、ウナラスカからアンカレッジまでノンストップで運航されていた。一五時三〇分にウナラスカを出発、三時間〇五分のフライトでアンカレッジに一八時三五分に到着した。

一九七三年一月三〇日に二号機となる一七三号機が引き渡された。一九七四年一一月に一七二号機が、アンカレッジ空港の格納庫火災で焼失したため、新たにYSを購入しようとした。しかし、YSの生産はすでに終わっていたので、一九七五年一月、東亜国内航空から300型の七一号機を購入し600型に改造した。さらに一九八〇年五月にアフリカのガボン政府から一六九号機を購入した。一六九号機はリーブのパイロットの操縦でガボンから空輸された。フランスのリオン、スコットランドのグラスゴー、アイスランドのレイキャビック、グリーンランド、カナダを経由してアンカレッジに到着した。約一万一一四〇キロの壮大なるフライトとなった。

一九八四年には初めてジェット・フリートとなるボーイング727が導入された。B727は長距離ルートの直行便に就航、一九九〇年代に入るとYSの退役が始まった。一九九一年に七一号機がス

■YSは砂利や草地などの非舗装滑走路でも離着陸ができる。一九六六年にフィリピン、そしてアラスカで離着陸試験が行われた。

■リーブ・アリューシャン航空は二〇〇〇年に連邦破産法適用を申請、二機のボーイング727はアフリカのトランス・アフリクに売却された。アリューシャン列島には現在、アラスカ航空グループのペンエアーがサーブ340双発ターボプロップ機を就航させている。アリューシャン列島の厳しい気象条件では、目的地上空に到達しても着陸できないこともあり、アンカレッジまで引き返すことも多い。

左／アメリカン・イーグルのカラーリングで飛んだシモンズ航空のN902TC。
シモンズ航空は6機を購入しシカゴとデトロイトを拠点に
ミシガン湖周辺の都市を運航していた。

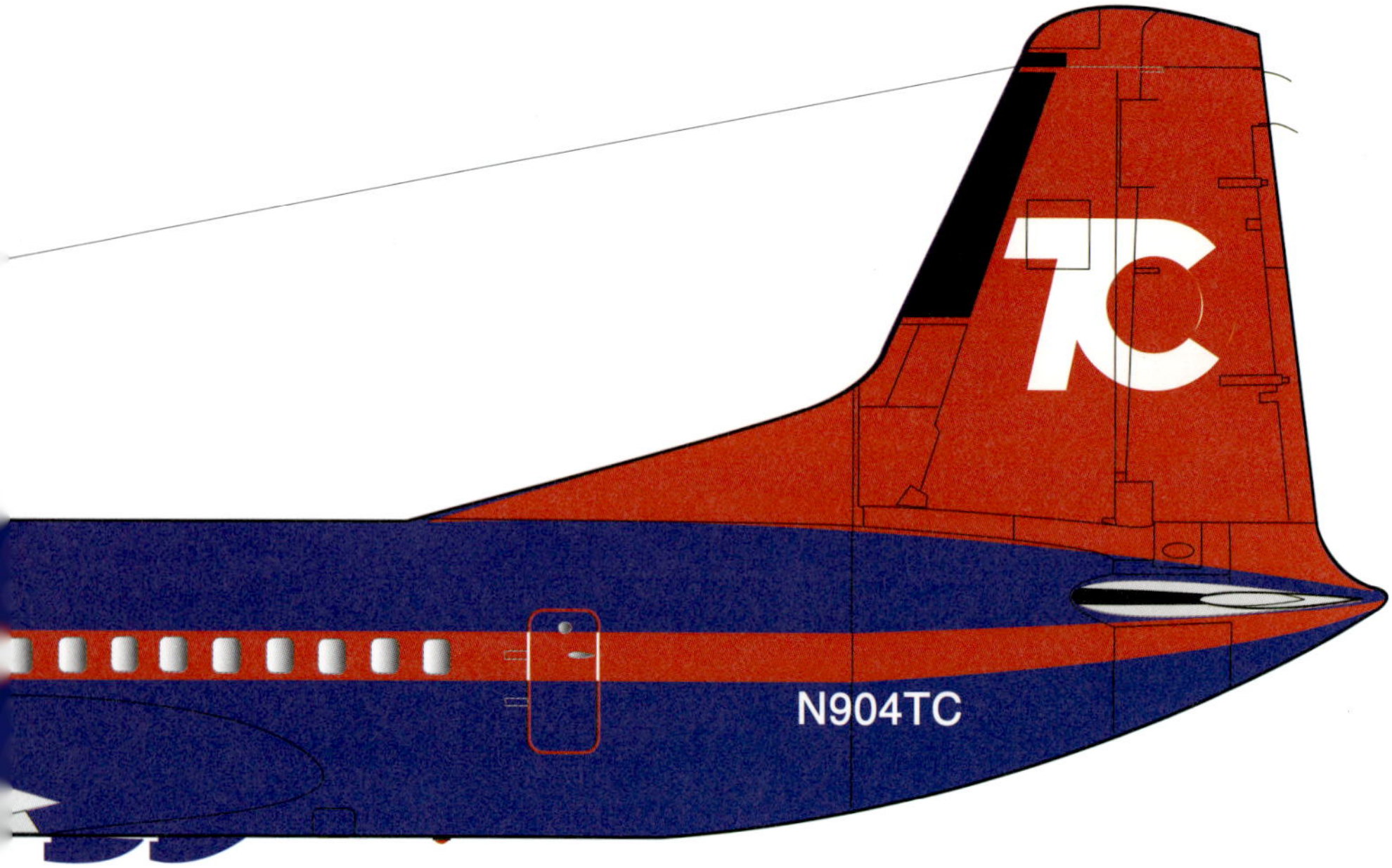

ミッドパシフィック航空がYSを購入し、好調な業績を収めたため
米本土のローカルエアラインや新規エアラインはYSを採用し米国内路線に就航させた。
オクラホマシティをベースとするトランス・セントラル航空は7機のYSを就航させた。
ダークブルーに赤いストライプと、目立つカラーリングだった。

ハワイで創設されたミッドパシフィック航空はYSを採用、
ホノルルからハワイの島々へ飛んだ。日本やフィリピンから22機のYSを購入し、
一部は米本土のエアラインへリースされた。1980年代中頃には
YSを貨物専用機に改造し米本土へ進出、
小口貨物輸送を始めた。

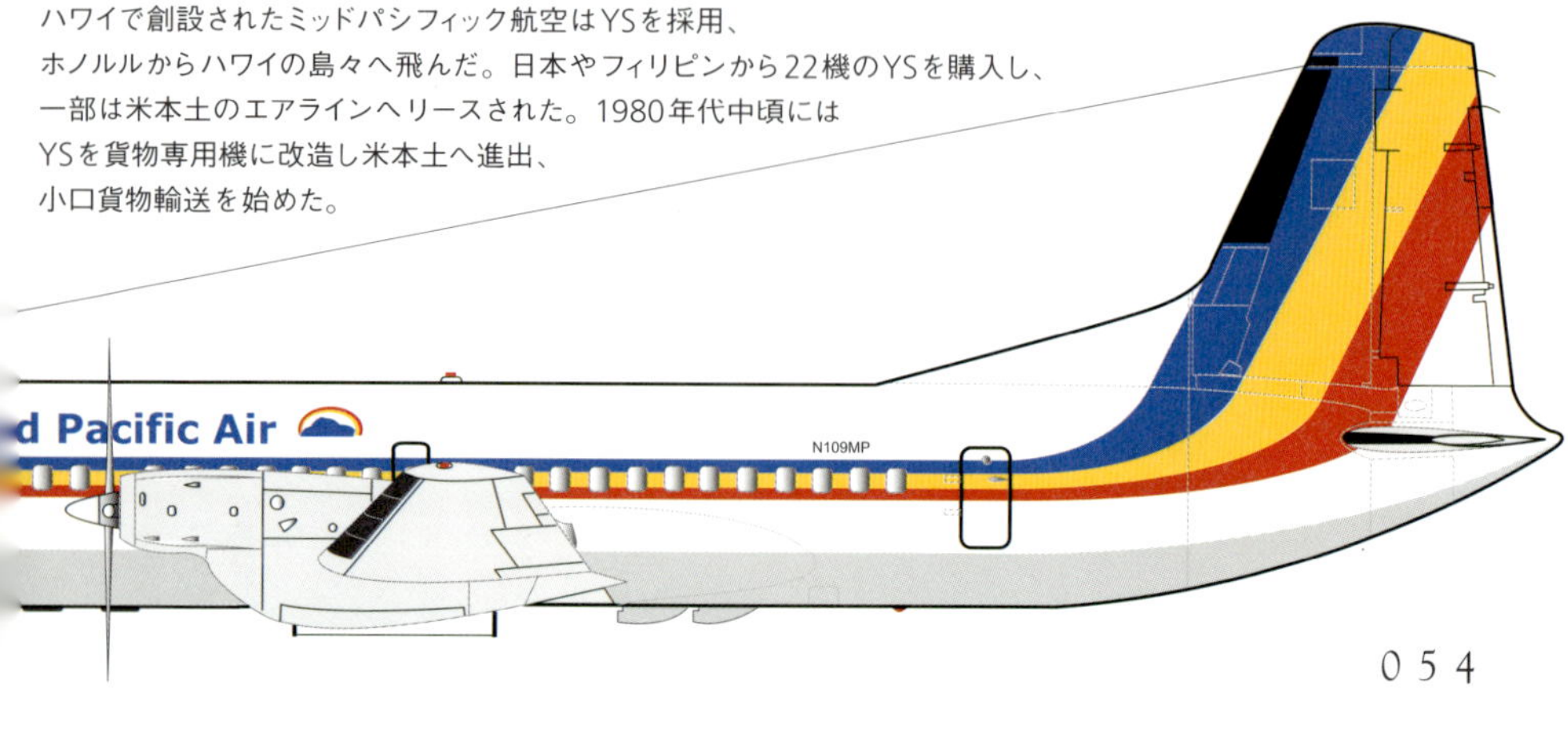

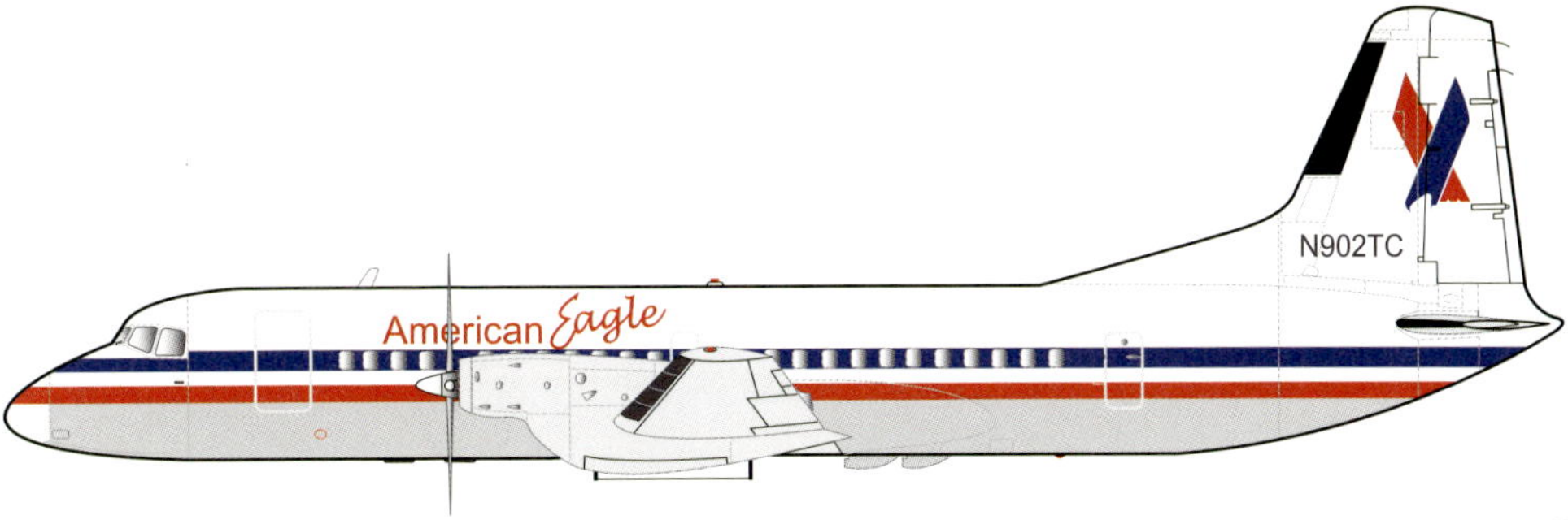

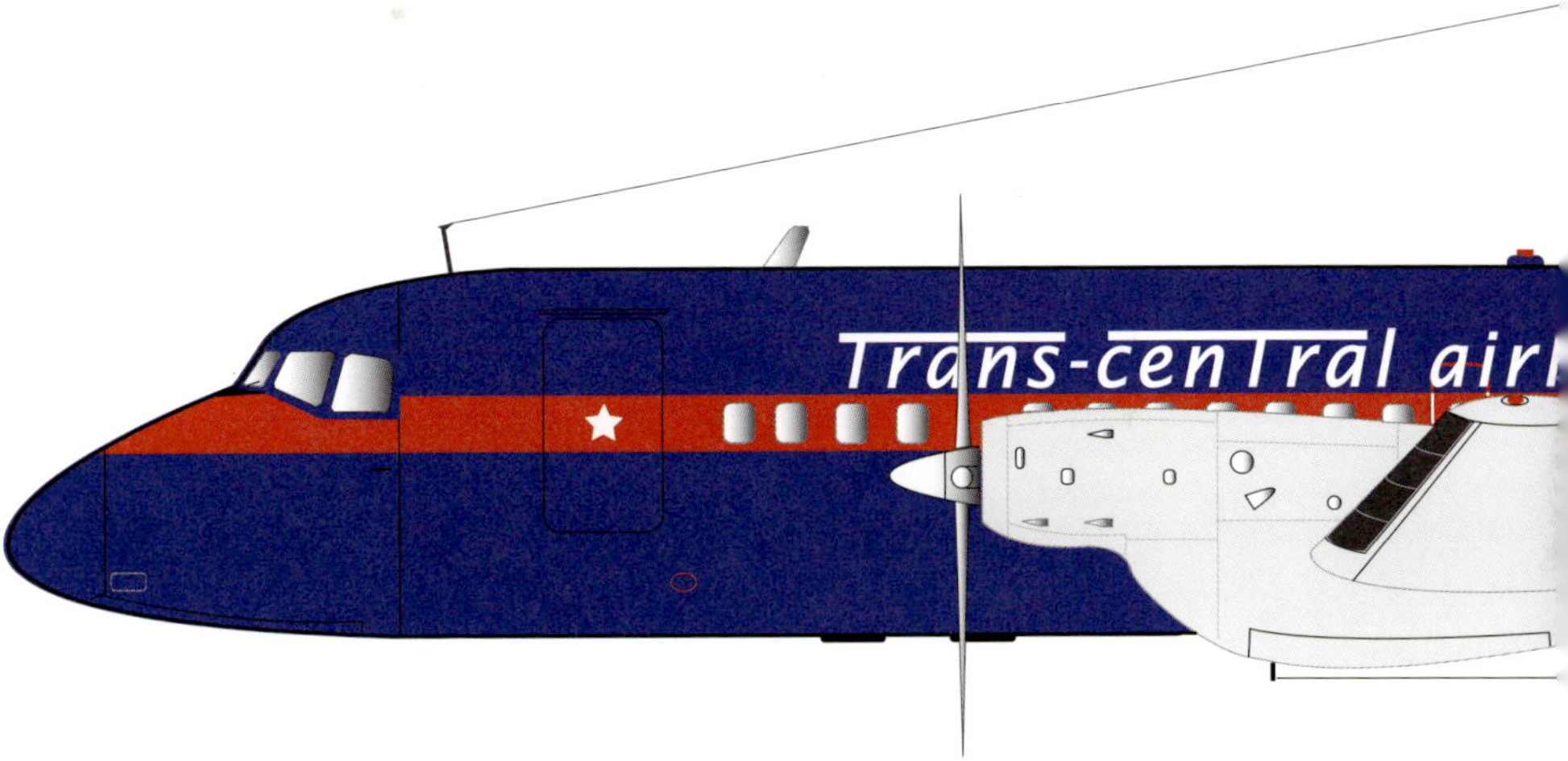

プロビスタウン・ボストン航空はDC-3の後継機にYSを導入した。
プロビスタウンからケイプ・コッド湾を越え
ボストン、ニューヨーク・ニューアークなど米東北部の都市へ就航した。
1990年頃にはコンチネンタル・エクスプレス塗装のYSも見られた。

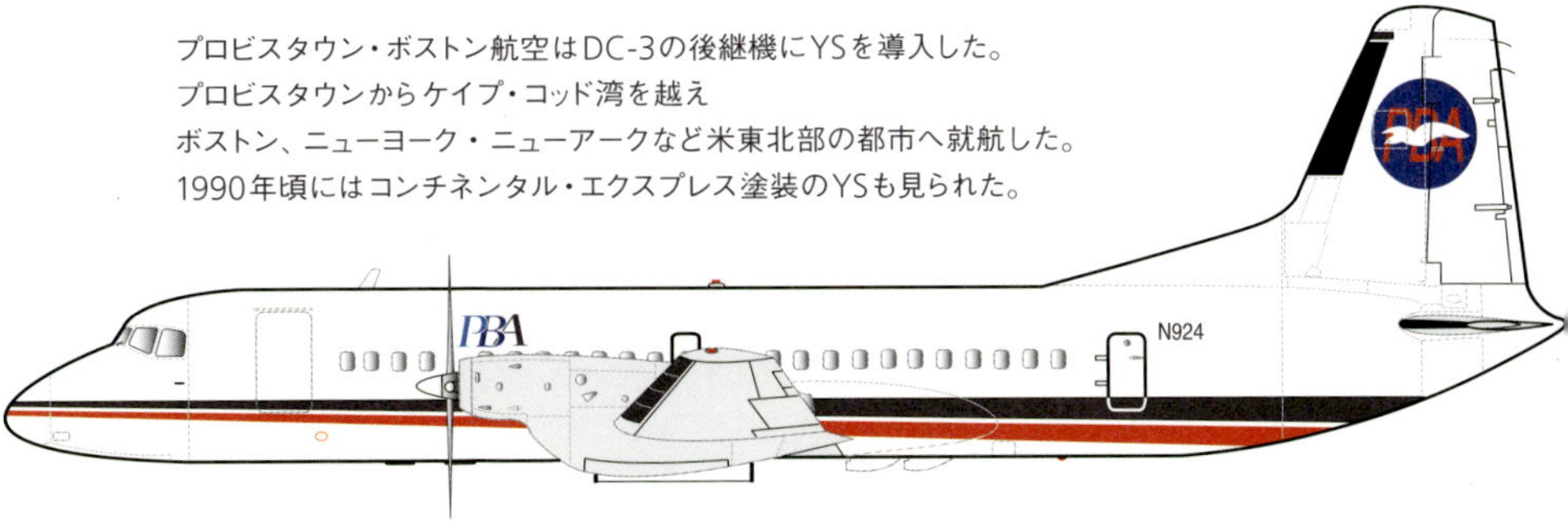

ウェーデンのユーロフライトに、一九九五年二月には一六九号機がエア・カリビアンに売却された。最後まで運航されたのが一七三号機であった。YSは過酷な大自然の中で三〇年余りも運用されたが、近代旅客機にない頑丈なアナログ式旅客機だからこそ、長期にわたり活躍できたのだろう。

YS黄金時代―四〇機余りのYSがアメリカの空を飛んでいた―

米国では、一九七八年一〇月二五日に米連邦航空局（FAA）が航空規制緩和法（デレギュレーション）を発効し、新規航空会社の参入が自由化された。また、既存のエアラインも新規の路線展開を果たすため、大型機材の導入を始めた。米国内ではピードモント航空が運航したYSの評価は高く、多くのコミューター航空や貨物航空が第二次ユーザー、そして第三次ユーザーとしてYSを購入することになった。ハワイのミッドパシフィック航空はアイランド・ホップにYSを導入、ホノルルをベースにカウアイ、マウイ、ハワイの島々に就航させた。さらに海外からYSを購入し一九八五年には二二機を保有した。二二機のうち七機のYSは米国本土のトランス・セントラル航空、フォートワース航空、ファーウエスト航空にリースされ各都市で運航された。

■一九七〇年代における、アメリカ国内でのターボプロップ輸送機の直接運航費（一マイル当り）をみると、YSが最も低い運航費で、優れた経済性を発揮していた。一九七六年には、F27が八セント（席・マイル）、コンベア600が七セント、YSは五セントであった。

ハワイの空にYSの銀翼が再び舞う

ハワイアン航空からYSが退役してから一〇年後の一九七九年、ハワイで新しいエアラインが創設された。ホノルルをベースに運航を開始した、ミッドパシフィック航空である。一九八〇年一〇月に東亜国内航空と二機のYSの購入契約を結び、一九八一年二月に一〇五号機、三月に一〇四号機が引き渡された。東亜国内航空は運航に先立ち、二名のメカニックをハワイに派遣した。続いてアルゼンチンのラパ航空から二機（八六号機・八七号機）、パインハースト航空から二機（七二号機・七三号機）を購入し、六機のYSがホノルルで新たなデビューとなった。

ハワイアン航空はダグラスDC-9-50、アロハ航空がボーイング737-200のジェット便を就航させていたが、ミッドパシフィック航空は低料金の運賃で競合路線に挑んだ。経済性の高いYSを導入したため、就航当初から業績は好調で、YSを追加購入することとなった。一九八二年に東亜国内航空から二機（二八号機・三一号機）、一九八三年にも東亜国内航空の二機（三六号機・四五号機）、ラパの八八号機、全日空の三機（一三〇号機・一三一号機・一五四号機）、一九八四年には全日空の二機（六六号機・九一号機）、フィリピン航空の七機（四号機・一二号機・一五号機・二五号機・二七号機・七〇号機・一三九号機）がフリートに加わった。三一号機は、一九六六年にハワイアン航空にリースされたYSであった。

一九八五年には八機のYSを貨物型に改造、米本土で貨物専用便の運航を始めた。しかし、一九八九年にはハワイ路線から撤退、ミッドパックエアと社名を変え米本土で貨物専用便の運航を続けたが、一九九四年に運航は停止された。

マサチューセッツ州のプロビスタウン・ボストン航空（PBA）は、一九八二年から一九八三年にピードモント航空から退役した五機（一一八号機・一一九号機・一二一号機・一二二号機・一二六号機）、一九八四年六月にはエジプトのピラミッド航空から四機（五七号機・六一号機・一〇九号機・一二九号機）のYSを購入し九機のYSを保有した。プロビスタウン・ボストン航空は一九四九年に設立、風光明媚《ふうこうめいび》なプロビスタウンを拠点にケイプ・コッド湾を挟んだボストン・ローガン、ニューヨーク・ニューアークなどの路線に就航。一九八〇年代後半には、コンチネンタル・エクスプレス便として運航した。YSは一九八五年にシモンズ航空へ三機を売却、六機は一九九二年まで使用された。

一九七八年にミシガン州で設立されたシモンズ航空は、トランス・セントラル航空から一九八四年

ハドソン湾
チャーチル
ン・レイク
ヨーク・ファクトリー
バード
トンプソン
ネルソン川
CANADA
Transair 1968-1979
Pacific Western Airlines
・ハス
ウィニペグ湖
マニトバ湖
アームストロング
ウィニペグ
サンダーベイ
MICHIGAN
Simmons Airlines 1984-1987
ヒューロン湖
オンタリオ湖
ミシガン湖
ミルウォーキー
ランシング
エリー湖
シカゴ
デトロイト
ボストン
MASSACHUSETTS
Provincetown-Boston
Airlines 1982-1992
HIO
BX Air 1980-1997
ニューヨーク
ニューアーク
コロンバス
シンシナティ
ワシントン
フランクフォート
チャールストン
ルイヴィル
リッチモンド
ウィチタ
オクラホマ・
シティ
ナッシュビル
ダラム
ロ
メンフィス
ローリー
シャーロット
リトル・ロック
ウィルミントン
ック
ダラス
ミシシッピー川
アトランタ
コロンビア
チャールストン
NORTH CAROLINA
Piedmont Airways 1968-1982
オート・
ース
フローレンス
オースティン
ヒューストン
サン・
アントニオ
TEXAS
Fort Worth Airlines 1984-1985
NETHERLANDS ANTILLES
Windward Island Airways 1990-1999

小口貨物輸送のエアボーン・フレイト社は
1980年に航空貨物輸送のエアボーン・エクスプレス社を創設。
貨物専用機に改造された13機のYSを購入、
シカゴの南にあるウィルミントンをベースに運航を始めた。
胴体後部に装備された大型貨物ドアは、
コンベア機のドアを改良した。1989年にABXエアと社名を変え、
YSは1997年まで同社で運用された。

五月に四四号機、六月に四二号機、七月にミッドパシフィック航空から一三一号機を購入。さらに、プロビスタウン・ボストン航空から一九八五年二月に一一八号機と一二六号機、八月に一二一号機を追加購入し六機のYSを保有、ミシガン州を拠点に、インディアナ州インディアナポリス、オハイオ州アクロン、ウィスコンシン州アイロンウッド及びイリノイ州シカゴなどの各都市を結ぶローカル線を運航した。一九八五年にリパブリック・エクスプレス（ノースウエスト・エアリンク）とアメリカン・イーグルと提携しコードシェア便を運航。一〇月にはYSもアメリカン・イーグルのカラーリングが施され一九八七年まで活躍した。

オクラホマ州のトランス・セントラル航空は、一九七八年七月からオクラホマシティをベースにテキサス州ダラス、アーカンサス州リトルロック、テネシー州メンフィス、カンザス州ウイチタなどの都市へ運航した。一九八三年三月にパインハースト航空から二機（四二号機・四四号機）を購入、ミッドパシフィック航空から一三一号機、一二月に一三〇号機、一九八四年一月に一五四号機、二月には六六号機、三月に九一号機をリースし七機のYSを運航した。しかし一九八四年五月に四四号機、六月に四二号機をシモンズ航空に売却、七月、ミッドパシフィック航空に五機を返却、運航停止した。

テキサス州のフォートワース航空はミッドパシフィック航空から四機（六六号機・九一号機・一三〇号機・一五四号機）をリースして、一九八四年一二月からフォートワース・ミッチャムをベースにオースティン、ヒューストン・ホビィ、ヒューストン・インターナショナル、サンアントニオ線に就航した。カラーリングは機首から赤と黒のラインが描かれていた。しかし一九八五年の夏には運航を停止し、ミッドパシフィック航空に返却された。

オレゴン州ポートランドのファーウエスト航空は、一九八四年九月にミッドパシフィック航空から四号機と四五号機をリースし、ポートランドを拠点に太平洋岸にあるコウズベイ、南部の都市メッドフォードへ運航を始めたが、間もなく返却されてしまった。カラーリングは純白の胴体に「FARW

■アメリカンイーグルは、アメリカン航空の親会社AMR社によってリージョナル航空部門として一九八四年に設立された。その後、エグゼクティブ社、フラッグシップ社、シモンズ航空、ウイング・ウエスト航空、ビジネス・エクスプレス航空を合併した。

EST」のレッドの英文字と、下部にレッドとオレンジのツートンのライン、尾翼には上からイエロー、オレンジ、ダークオレンジ、レッドとの斜めのラインが描かれていた。

貨物専用機として活躍した

一九七〇年代末から一九八〇年代にかけて、小口貨物航空輸送会社が創設され熾烈な競争が繰り広げられた。一九七三年に設立されたフェデラル・エクスプレス社は、地上輸送と航空輸送を組み合わせ、「翌日配達」で全米各都市に届ける高速貨物輸送システムを創り上げた。三三機の小型ビジネスジェット・ファルコン20を使用し、全米四七都市にネットワークを完成させた。急成長を遂げたフェデラル・エクスプレス社は、増え続ける需要に対処するため主要都市にボーイング727を導入したが、さらに二〇〇都市にターボプロップ機の運航を計画した。そのため、ピードモント社に調査員を派遣し、YSの貨物専用機の改造を検討した。しかし、YSの数が足りなかったのか、二〇〇機のボーイング727-200型と二一〇機のセスナ・カーゴマスター（キャラバン）を導入することになった。

一九七八年、貨物航空会社パインハースト航空は、ピードモント航空からYSを購入し貨物専用機に改造した。そして小口貨物輸送のエアボーン・フレイト社と提携し、小口貨物輸送の運航を始めた。エアボーン・フレイト社は一九八〇年、貨物航空会社ミッドウエストチャーター社を買収、航空貨物部門エアボーン・エクスプレス社を創設した。ミッドウエストチャーターが保有していたコンベア600とシュドカラベル機を全機退役させ、パインハースト航空とピードモンド航空から一三機のYS貨物専用機を購入、シカゴの南にある小さな町ウィルミントンで運航を開始した。

ミッドパックエアのグループ会社は四機のYS貨物専用機（七〇号機・七二号機・一〇五号機・一三九号機）を導入、一九八九年一月から米国郵政省（USAP）の郵便輸送を始め、一九九四年まで

■エアボーン・エクスプレス社（ABXエア）のYS貨物機は、一九九七年七月まで運航された。五機（七五・一二・一一三・一一四・一一七号機）は、用途廃止となり、八機（五〇・五一・五二・五三・五六・六二・七七・一二〇号機）はブローカーが購入、メキシコ、アフリカなどへ売却された。

運航した。

アメリカ国内ではミッドパシフィック航空とエアボーン・エクスプレス社（ＡＢＸエア）から退役してから、ＹＳは航空機ブローカーの所有となってアリゾナやフロリダで保管されている。

中米・カリブの空にＹＳが飛ぶ

一九八〇年代末には、米国で使用されていたＹＳが退役すると、メキシコやカリブ海のエアラインがＹＳを購入し運航を始めた。

メキシコでは、一九八九年にエアロシェラ航空がミッドパシフィック航空から退役した四機（四号機・一二号機・三一号機・三六号機）のＹＳを購入し運航したが、一九九九年三月に四号機と三一号機が米国のマイアミ・エアサービス社へ売却された。

一九八九年に設立されたリトラル航空は、四機（六六号機・九一号機・一二一号機・一二六号機）のＹＳを購入、一九九二年まで使用した後、四機は用途廃止となり米国で解体された。

一九九〇年に設立されたアルコン社は、一九九八年一〇月に七三号機、一九九九年一二月に七〇号機の貨物専用機を購入、その後エアボーン・エクスプレス（ＡＢＸエア）から退役し、フロリダで保管されていた五機を購入、七機の貨物専用機を保有した。

ＹＳがアンティル諸島のひとつ、ドミニカ共和国でデモフライ

小アンティル諸島のエア・アルバは５機のYSを購入し、
カリブの島々とラテン・アメリカの都市に就航した。
同社は順調に成長を遂げジェット化を果たし、
米国への国際線に就航したが、2000年10月に
運航を停止した。

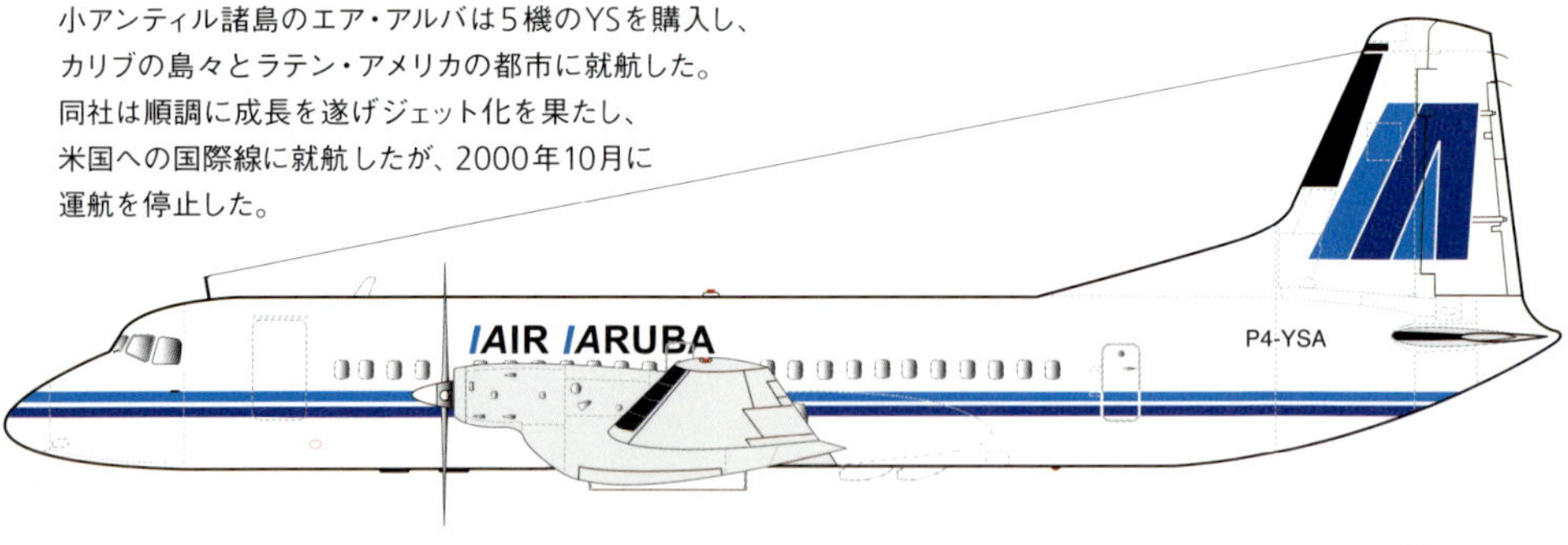

トリニダード・トバゴのエア・カリビアンは、
6機のYSを導入しポート・オブ・スペインとトバゴを結んだ。
エア・アルバと同じように業績は好調だったが、
ジェット機による国際線進出がうまくいかず撤退してしまった。

トを行ってから二〇年後、純白ボディにライトブルーとダークブルーのラインが美しいエア・アルバのYSが、煌《きらめ》くカリブの島々の上空を飛んでいた。

南米ベネズエラ北方二五キロのカリブ海に小アンティル諸島アルバ、キュラソー、ボネールの美しい島々がある。オランダ領アンティル諸島の中で最も小さな島がアルバだ。アルバは長さが三一・五キロ、幅は一〇キロ余りと小さく、面積からみると北海道の利尻《りしり》島とほぼ同じ大きさである。かつてゴールドと石油ラッシュで世界に名を馳《は》せた。人口七万三〇〇〇人のリゾートアイランドに、年間六五万人を超える観光客が訪れる。首都オランヘタードの街中にはスペイン、オランダ様式のコロニアル時代の家々が建ち並び、島の周りには白砂の美しいビーチとサボテンが生い茂る砂漠がある。

一九八八年に創設されたエア・アルバは、米国のシモンズ航空を退役した一一八号機と一三一号機を購入し運航を始めた。一九八九年に南西航空から六九号機、一九九〇年には、日本エアシステムから七号機と一四号機を購入、五機のYSを保有した。アンティル諸島のキュラソーや、オランダ領セントマーチンの島々をYSは結び、さらにベネズエラ、コロンビア、ドミニカへ路線を広げた。一九九〇年九月には、七号機と一四号機をアフリカのガンビア航空に引き渡し、一九九一年にマクダネル・ダグラス（現・ボーイング）MD88を導入、米国本土への直行便としてニューヨーク、マイアミ線を開設した。ジェットの導入と共にYSは路線から退き、六九号機はセントマーチンのウインドワード・アイランド航空に売却、一一八号機と一三一号機は、一九九三年八月に登録抹消された。その後エア・アルバは、順調に成長を遂げたと思われたが、二〇〇〇年一〇月に運航は停止されてしまった。

カリブ海の小アンティル諸島リーワード・アイランドの属するセントマーチンは、島の北部がフランス領（フレンチ・サイド）で南部がオランダ領（ダッチ・サイド）である。セントマーチンの首都フィリップスバーグで、一九六二年にウインドワード・アイランド航空が設立された。ダッチ・サイドにあるプリンス・ジュリアナ国際空港を拠点に、アンティル諸島の島々をデハビランドDHC-6ツインオッターで運航していた。一九九〇年一一月にIFSリーシング社から二五号機をリース、一九九一年五月にはエア・アルバから六九号機を購入した。YSのカラーリングは胴体下面がグレーで上面がホワイト、機首から後部にかけてレッドとブラックのライン、尾翼にはウインワード・アイランドのマークと、ラダー部分がレッドに塗装されていた。六九号機は一九九一年一二月に売却されVIP機として改造後、エイシアン・スピリットに引き渡された。ウインドワード・アイランド航空はウインエア（WINAIR）と社名を変更し、二五号機は一九九〇年代末頃まで使用されたが、用途廃止となった。その後、二五号機はレストランに改装され、セントマーチン島の首都フィリップスバーグ郊外で使用されている。塗装はハイネッケン・ビールのダークグリーンの胴体に、レストラン名の「AIR LELLERBEK」と、レジナンバーのPJ-WIKがマーキングされている。

カリブ海の西インド諸島南端に浮かぶトリニダード島とトバゴ島からなる、トリニダード・トバゴ共和国はカリブ海諸国屈指の石油産油国である。一九九三年に設立されたエア・カリビアンは、日本トランスオーシャン航空と日本エアシステムから退役した五機（六四号機・六五号機・一四一号機・一六五号機・一七八号機）の500型をトランス・セントラル航空を経て購入、フライトはわずか二〇分だが一日一〇便ほどを、ポート・オブ・スペイン―トバゴのショート・ホップに就航させた。さらにアラスカのリーブ・アリューシャン航空から全貨物型一六九号機を購入。二〇〇〇年、三機のボーイング737-200アドバンスを導入しマイアミへ就航したが、運航を停止してしまった。

ヨーロッパへの進出

一九六八年八月二七日から一〇月二八日までヨーロッパ、中近東、東南アジアデモフライトのため英国、西ドイツ、スペイン、スウェーデン、イタリア、ユーゴスラビア、ギリシア、サウジアラビア、パキスタン、ネパール、ビルマ（現ミャンマー）、タイ、マレーシアなどを訪問。使用した七〇号機の総飛行時間は一七二時間、飛行距離四万六二〇〇キロ。デモフライトは五七回で四五時間となった。九月一六日から二二日まで、英国で開催されたファーンボロ航空ショーにも参加、会場で世界の人々に日本の翼YSを披露した。デモフライトは離陸後、急上昇しすぐに会場に戻り、片側のプロペラを止め、三〇メートルの超低空で観客の前を通過、そして短い滑走距離で着陸してみせた。ヨーロッパ・デモ機のカラーリングは機首と尾翼の後部をコバルト・ブルー、胴体には赤いラインと「YS-11JAPAN」の文字が描かれた。また機首部分に、YSを運航する一三社のマークが記入された。

ヨーロッパでは、すでにライバル機ホーカーシドレー748とフォッカーF27が、ローカル線の主力機として運航されていたため輸出は難しく、またライバル機に比べ、ひとまわり大きいYSの価格は最も高かった。航空機の価格は、航空会社の仕様や支払条件などにより変動はあるが、オリンピック航空に提示した価格はYS-11A型が五億九〇〇〇万円、フォッカーF27は四億六八〇〇万円、ホーカーシドレー748は四億八六〇〇万円であり、商談によっては大幅なダンピングが行われていた。

しかし、ヨーロッパ・ツアーによりYSの導入を検討する航空会社もあった。エールフランスの子会社であったエールアンテルが一二機の購入を検討したが、対日貿易の関係で実現できなかった。スペインのスパンタックス、スウェーデンのリンデンフルーク航空、サウジアラビア航空も検討したが採用されなかった。そして、スウェーデンのサーブ航空機会社がYSの組立生産を計画したが、マーケット・リサーチの結果、生産ラインに至る需要が見込めず実現しなかった。

エーゲ海のYS

バルカン半島の東南端にあるギリシアは、国土の五分の四が山岳丘陵地帯で、エーゲ海に浮かぶ約

オリンピック航空へ8機のYSが輸出された。
尾翼には、6個の輪がマーキングされている。
YSはギリシアをベースに煌めくエーゲ海に浮かぶ島々を飛んだ。
島の飛行場の気流状態は悪く、鉄板敷きの滑走路もあったという。
退役したYSはギリシア空軍が購入した。

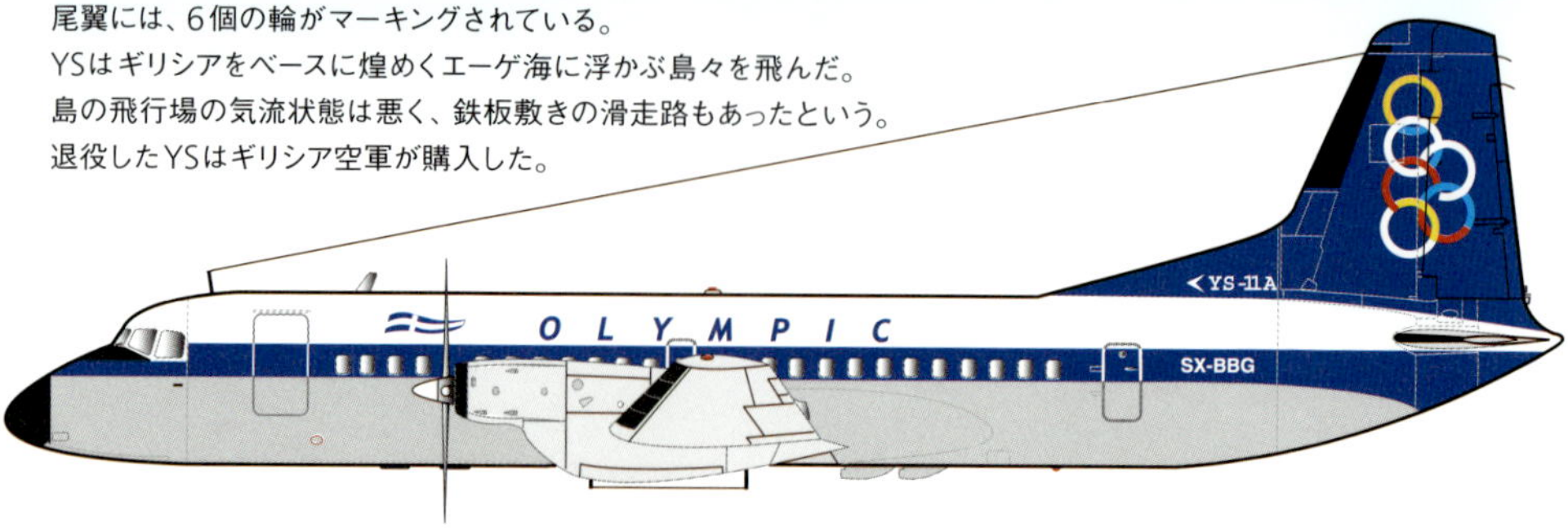

三〇〇〇の島々からなっている。

世界の富豪といわれたオナシス氏が、一九五七年に設立したオリンピック航空はダグラスDC-3とDC-6を保有し、近距離国際線と国内線を運航していた。DC-3の代替候補機として、フォッカーF27フレンドシップとホーカーシドレー748が名のりを上げ、熾烈な商戦が繰り広げられていた。日航製はヨーロッパ進出のために、オリンピック航空仕様のA200型をオファーして参入した。各社は大幅な値下げと支払条件の緩和に踏み切ったため、日航製も追従し、一九六九年一一月にYSが採用された。確定五機とオプション五機、及び200型が引き渡されるまで貨客混載型(300型)二機がリースされることになり、一九七〇年一月五日に契約が締結された。そして一〇六号機がリースのため、一月一七日にギリシアに向かった。三月三一日には一番機となった一三六号機と一三七号機、五月に一四三号機と一四四号機、六月に一四五号機、一九七一年三月に一五三号機と一五五号機、四月に一五六号機が引き渡された。

オリンピック航空向けの機内表示板は、英語とギリシア語が併記されていたが、日航製ではギリシア文字に苦労したそうだ。YSは尾翼にイエロー、ライトブルー、レッド、ホワイトの六輪の輪、胴体は美しいエーゲ海をイメージしたダークブルーのラインがマーキングされ、アテネをベースにギリシア本土とエーゲ海の島々を結ぶルートに就航、一九七二年には国内一九路線のうち一五路線を飛んだ。オリンピック航空は八機のYSを購入したが、二機が事故で失われた。一九七二年一〇月二一日、アテネ空港に着陸態勢に入った一五五号機が海上に墜落。一九七六年一一月二三日には、一五六号機がコザニの南約二五キロにあるサヴァントポロス山中に墜落した。オリンピック航空は一九七五年に国営航空会社となり、一九八〇年にボーイング737を導入したため、YSはブローカーを経てギリシア空軍に売却された。ギリシア空軍では六機のYSを輸送機として使用、三機が運用され三機は保管されている。

ヨーロッパの壁

ヨーロッパでは、オリンピック航空に輸出されたものの、ライバル機に阻まれ採用されなかった。しかし、ノルウェーのメイエアが、唯一、一九七〇年一二月に一〇四号機をリースした。メイエアは一九七〇年に設立、コンベア240とビーチクラフトを導入、ノルウェーの国内線に就航した。一九七一年八月、メイエアはボーイング737を導入し一〇四号機は返却されたが、一九七三年にすべての運航が停止された。

メイエアの一〇四号機が北欧を去ってから二〇年後の一九九一年七月、スウェーデンのユーロフライトは、アメリカ郵政省のポスタルサービスで使用された七〇号機と、アラスカのリーブ・アリューシャン航空から七一号機を導入し一九九三年八月まで運航した。

アジアの空にYSが羽ばたく

日航製は一九七〇年一月一八日から二二日に、シンガポールでマレーシア・シンガポール航空にデモフライトを行い、七月二八日から八月三日には、当時ベトナム戦争が終結していなかった南ベトナムのサイゴンでもデモフライトを行った。

一九七一年三月にインドネシアのボーラック・インドネシア航空とリース・アンド・パーチェス契約が交わされ、貨客混載型（600型）が引き渡された。一九七二年にはインドネシアの石油開発公社ペリタ・エアサービスが二機の貨客混載型（600型）を購入した。さらにネパールのロイヤル・ネパール航空、パキスタン航空、ラオス航空、ユーゴのJTAがYSを代替機として検討した。

東アジアの隣国を飛ぶ

台湾は台湾本島と台湾海峡に浮かぶ島々の澎湖《ほうこ》諸島からなる。台湾本島の南北に走る山脈にはユイ山など三〇〇〇メートル級の山々が四九も連なっている。一九五九年一二月一〇日に設立された中華航空は、一九六二年四月から台北《タイペイ》―花蓮《ホワリエン》に初めて定期便を就航させた。日航製では一九六六年頃から中華航空に販売を進めたところ、当時は旅客数が少なくＹＳでも大きすぎるといわれていた。しかし、旅客の増加に伴い、一九六九年に２００型二機の商談が決まり、一二月に一一〇号機、一九七〇年一月に一三〇号機が引き渡された。ところが、一九七〇年八月一二日、一一〇号機が豪雨の中、台北スン・シャン空港に着陸しようとしたところ、滑走路の手前八〇〇メートルにある山中に墜落した。一三〇号機は一九八〇年二月まで運航され全日空に売却された。

日本航空は一九六九年四月から、大阪―福岡―釜山《プサン》を日本国内航空からリースしたＹＳで運航したが、韓国の大韓航空も九月にＹＳを導入し、一〇月から釜山―福岡―大阪に就航した。釜山―福岡間は約五〇分のフライトで、対馬、壱岐の上空を飛行した。一九六九年九月に三機のリース契約を交わしたが、最終的には１００型四機（四号機・四二号機・四三号機・四四号機）と貨客混載型（３００型）四機（七〇号機・一〇六号機・一〇七号機・一三九号機）を正式購入することになった。

ＹＳは国際線のほかにソウル―済州島《チェジュドー》―釜山などの国内線に就航。一九六九年一二月一一日に、四三号機（ＨＬ５２０８）がハイジャックされ、朝鮮民主主義人民共和国（北朝鮮）の平壌に着陸、その後の消息は不明である。大韓航空から退役したＹＳは、一九七四年一二月に六機、一九七七年一一月に一機がフィリピン航空に売却された。

左／全日空から４機のYSを購入した
メルパチ・ヌサンタラ航空のPMK-MYP。
インドネシアには多くの島があり航空路線が発達している。
ボーラック・インドネシア航空と国営石油会社ペリタ・エアサービスが
貨客混載600型を購入している。

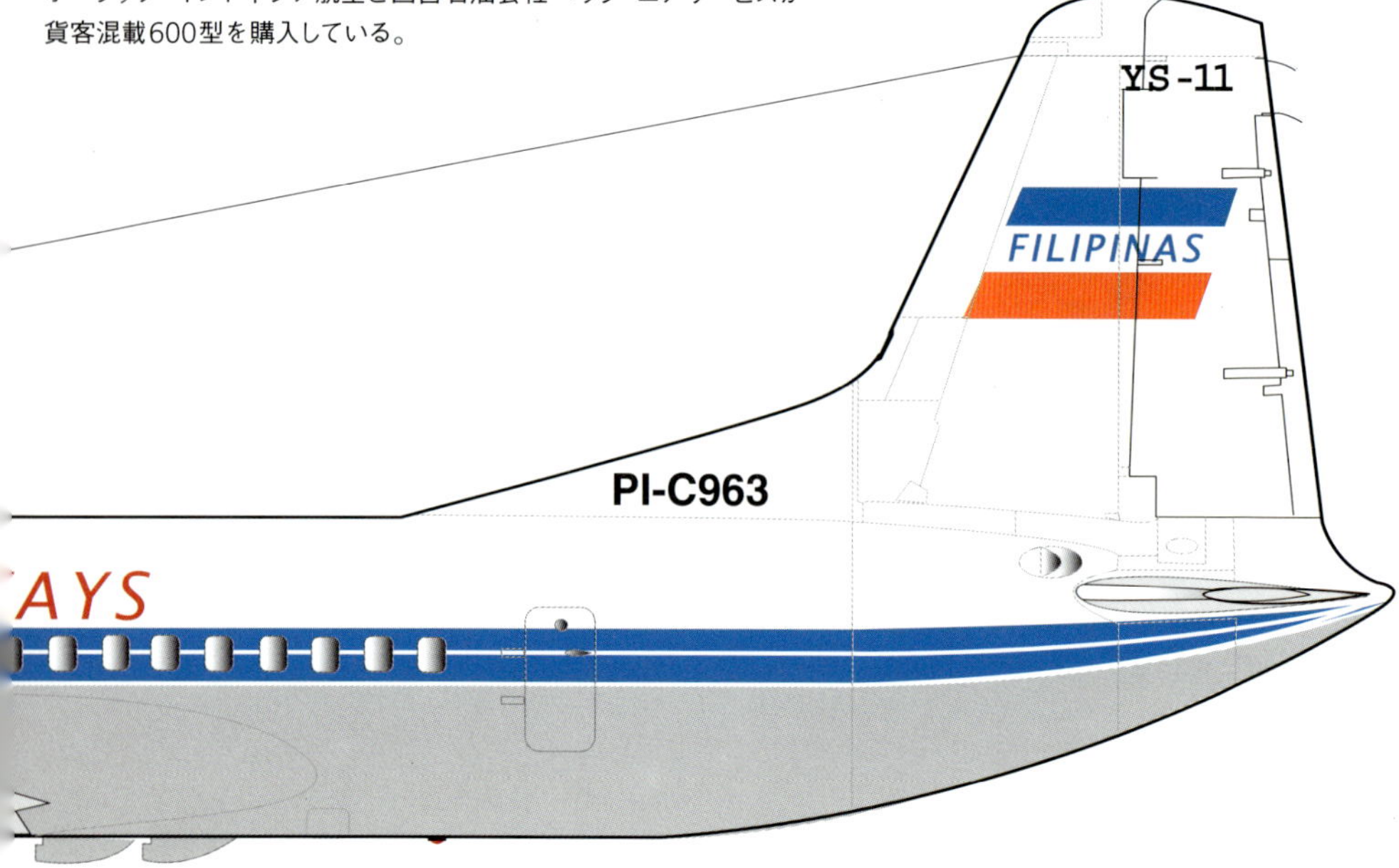

初めて輸出されたのがフィリピナス・オリエント航空である。
ダグラスDC-3に替わり、フィリピンの島々を結んだ。
就航当初は整備機材も粗末で、もちろん格納庫もなかった。
フィリピン航空と合併、さらに８機を購入し12機を保有した。

2001年タイ王国で創設されたプーケット航空。
幹線路線はボーイング737、ローカル路線に４機のYSを就航させた。
HS-KVOはエアーニッポンで活躍した2116号機JA8744。

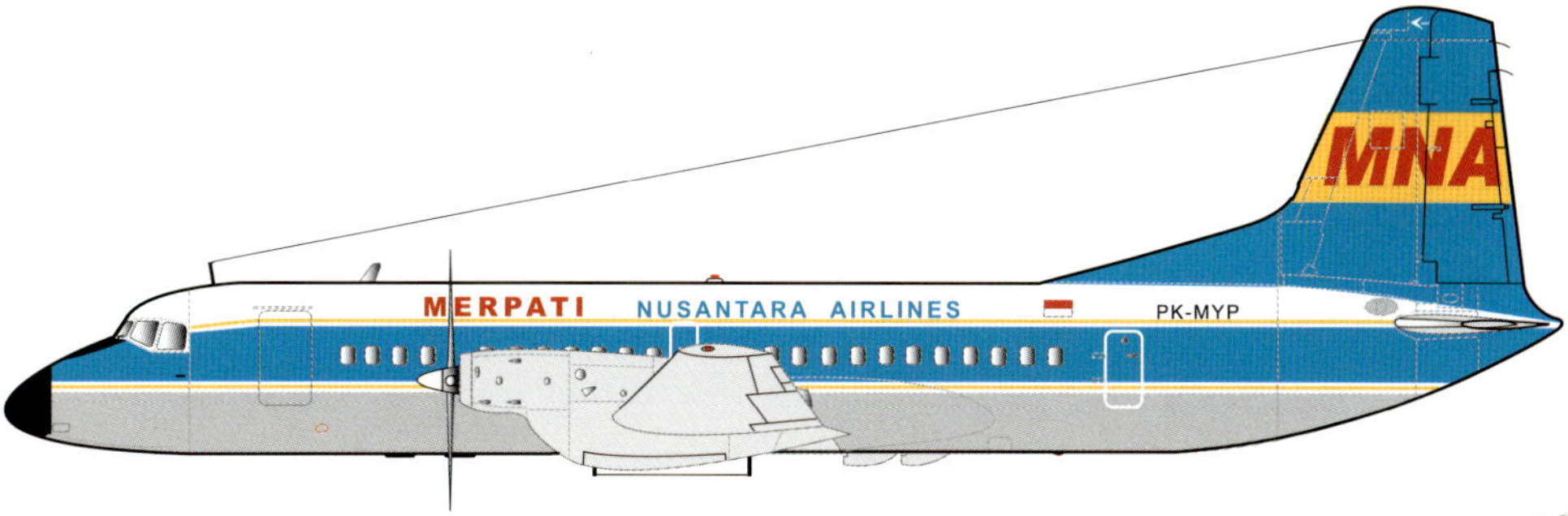

フィリピンのエイシアン・スピリットは1995年に設立された新しいエアライン。
大手エアラインが就航していないローカル路線を中心にネットワークを広げた。
YSは2時間を超える中距離路線や、滑走路の短い小さな空港で活躍している。

フィリピンで二〇世紀を超えて

海外で初めてYSを採用したフィリピナス・オリエント航空は、メインルートであるマニラ—セブ—バコロド線にYSを投入。稼働率が月間三〇〇時間を超え、さらに二機を購入し、四機（一二号機・一五号機・二七号機・三九号機）を保有、一九七四年一月、フィリピン航空と合併した。

YSのオペレーターとなったフィリピン航空は、大韓航空から七機（四号機・四二号機・四四号機・七〇号機・一〇六号機・一〇七号機・一三九号機）、全日空から二五号機を購入し一二機を保有、東南アジア最大のオペレーターとなった。一九七七年七月一七日に一〇七号機がマクタン空港沖海上に不時着し廃棄処分、三九号機は一九七四年に用途廃止となった。残った一〇機のYSは一九八四年までに、ハワイのミッドパシフィック航空へ七機、アメリカのパインハースト航空へ二機、東亜国内航空へ一機が売却された。

一九七二年一一月、フィリピン航空局に飛行検査機500型（一七九号機）が引き渡された。一九七六年九月に一七九号機はフィリピン政府専用機となり、全日空整備でVIP仕様の改造が施され、主に大統領夫人専用機として運用され、一九九二年二月まで使用された。

一九九〇年代のフィリピンでは、新しい航空会社が次々と創設、世界各地からYSが集められた。

一九九一年一一月、フィリピン国内で小口貨物輸送を展開していたアボイテス・エアートランスポート社は、全日空から二機の600型（八九号機・一二八号機）を購入し運航を開始した。同社はその後も一六機を購入、旅客型をエイシアン・スピリットへリース、航空貨物輸送をYSで続けている。

一九九五年二月に設立されたエア・フィリピンは、ボーイング737-200型を購入、一九九六年二月からスービックをベースに就航した。一九九六年四月に日本エアシステムとエアーニッポンから六機のYSを購入、五月二四日からパナイ島北部のカリボに就航した。一三号機と六七号機はエアー

■東インド諸島の北端に散在する七一〇七の島々からなるフィリピン。最も大きな島がルソン島で首都マニラがある。フィリピンの島々の多くは美しい海とサンゴ礁に囲まれ、熱帯性気候で一年を通して気温が高い。マニラからルソン、ミンダナオ、セブ、サマール、レイテ、パナイ、ネグロスなどの島々へ大小の航空会社が就航していた。一九七〇年代にはフィリピン航空が国際線と国内線、スターリング・フィリピン航空、ビレッジ航空などが国内及び近距離国際線を運航していた。

ニッポン、二六号機と三七号機は日本エアシステムのカラーリングのままで運航された。その後、エア・フィリピンは機材のジェット化を進め、YSをアボイテス・エアートランスポートへ売却した。

一九九五年に設立されたエイシアン・スピリットは、マニラをベースに国内線に就航、大手エアラインが運航していない地方空港や、小規模の飛行場に路線を開設した。フリートはYSを主力機に短距離離着陸機ボンバルディア・ダッシュ7（四八席）とチェコスロバキア製のLet410（一九席）。ダッシュ7は滑走路の短い空港に、Let410は近距離路線、YSはマニラからボホール島タクビラランを経由してセブ・マクタン島や、パナイ島カティクランなどの中距離路線に投入された。一九九七年に三機のYSを購入、その後三機を増やし六機を保有、さらにアボイテス・エアートランスポートからYSをリースした。二〇〇四年には、ホーカーシドレー748を近代化したATPターボプロップ機が導入され、YSが運航していた中距離路線に就航した。

フィリピンで航空学校を運営するエアリンク・インターナショナル航空は、一九九六年七月にKFSアヴィエーション社から七九号機を購入した。

フィリピンでは、二〇〇〇年頃に二〇機余りのYSが運航されていたが、退役したYSも多く、二〇〇四年春には一〇機余りとなった。

インドネシアの島々を結ぶ

赤道直下にあるインドネシア共和国は、東南アジア南東部にある大小一万七五〇八の島々からなり、ジャワ、スマトラ、ボルネオ、スラウェシ、ニューギニア（イリアンジャヤ）などの大きな島々がある。高温多湿の熱帯性気候で乾期と雨期があり、年間を通しての平均気温は二八度と暑い。

一九七一年三月にボーラック・インドネシア航空と貨物混載型（600型）のリース・アンド・パ

■一七九号機は、フィリピン空軍が政府要人の離島視察用に導入したもので、機内に大統領室、更衣室が設けられた。カラーリングは、当時のイメルダ大統領夫人が好んだライトブルーのラインとなり、乗降扉に大統領旗がマーキングされた。

■一九七〇年代のインドネシアのエアラインはガルーダ・インドネシア航空、バリ航空、ボーラック・インドネシア航空、マンダラ航空、メルパチ・ヌサンタラ航空、センパチ航空、スラワ航空など。

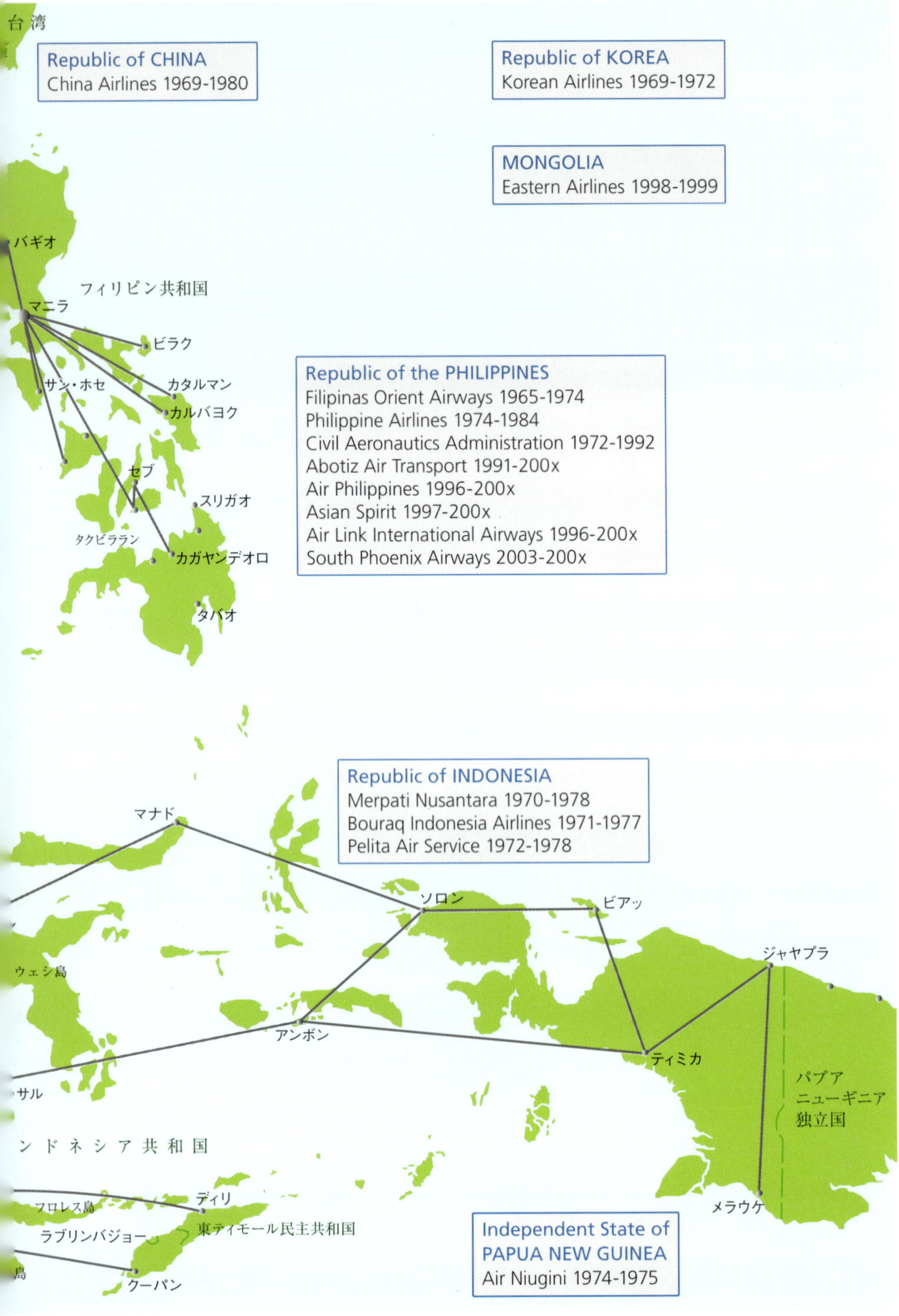
台湾
Republic of CHINA
China Airlines 1969-1980
Republic of KOREA
Korean Airlines 1969-1972
MONGOLIA
Eastern Airlines 1998-1999
バギオ
フィリピン共和国
マニラ
ビラク
サン・ホセ
カタルマン
カルバヨク
セブ
スリガオ
タクビララン
カガヤンデオロ
ダバオ
Republic of the PHILIPPINES
Filipinas Orient Airways 1965-1974
Philippine Airlines 1974-1984
Civil Aeronautics Administration 1972-1992
Abotiz Air Transport 1991-200x
Air Philippines 1996-200x
Asian Spirit 1997-200x
Air Link International Airways 1996-200x
South Phoenix Airways 2003-200x
Republic of INDONESIA
Merpati Nusantara 1970-1978
Bouraq Indonesia Airlines 1971-1977
Pelita Air Service 1972-1978
マナド
ソロン
ビアッ
ジャヤプラ
ウェシ島
アンボン
ティミカ
サル
パプア
ニューギニア
独立国
ンドネシア共和国
ディリ
フロレス島
ラブリンバジョー
東ティモール民主共和国
メラウケ
島
クーパン
Independent State of
PAPUA NEW GUINEA
Air Niugini 1974-1975

ミャンマー連邦
ベトナム社会主義共和国
ラオス人民民主共和国
チェンライ
チェンマイ
ウドンタニ
メーソット
タイ王国
ブリラム
バンコク
Kingdom of THAILAND
Phuket Air 2002-200x
カンボジア王国
ラノーン
プーケット
ハジャイ
ブルネイ・ダルサラーム国
メダン
マレーシア
マレーシア
シンガポール
バタム島
スマトラ島
ポンティアナク
カリマンタン
(ボルネオ島)
パダン
ジャンビ
バリッパパン
パレンバン
ブンクル
バンジャルマシン
ジャカルタ
バンドゥン
スラバヤ
ジャワ島
マタラム
ジョクジャカルタ
デンパサル
ロンボク島

ーチェス契約が締結、一九七一年三月に一四七号機、一九七二年四月に一〇四号機が引き渡された。ボーラック・インドネシア航空は一九七〇年ジャカルタに設立、DC-3を導入し国内の主要都市と近距離国際線に就航した。二機のYSは客室与圧装置の不良から契約を撤回、返却された。

国営石油公社ペリタ・エアサービスに貨客混載型（600型）の一七〇号機が一九七二年三月に、一七一号機が七月に引き渡された。二機のYSは、石油関連の輸送で活躍したが、一九七八年四月に東亜国内航空へ売却された。

メルパチ・ヌサンタラ航空は、全日空から一九七〇年一一月に一〇号機、一九七一年三月に一一号機、五月に一三号機と二九号機の100型を購入した。メルパチ・ヌサンタラ航空は一九六三年に設立されたエアラインで、ヌサンタラとはインドネシアの古称で「島々と海峡からなる国」を意味する。一一号機は一九七一年四月一日、ジャカルタ・カメヨラン空港で離着陸訓練中に胴体着陸事故を起こし、登録抹消されたが、三機のYSはインドネシアの島々を結ぶアイランド・ホップに就航した。そして一九七八年、日本近距離航空に売却された。

二一世紀のタイ王国を飛ぶ

インドシナ半島の中央部にあるタイ王国は、西から北にミャンマー、東はメコン川を境にラオス、南東はカンボジア、南はマレーシアに接している。二〇〇二年からエアーニッポンを退役したYSがタイの空を飛んでいる。バンコクから北へ約七〇〇キロ、タイ北部最大の古都チェンマイと、世界のリゾートとして名高いプーケットでYSを見ることができる。

タイ政府のオープンスカイ（航空自由化政策）により、二〇〇一年一月にプーケット航空が設立された。ボーイング737-200型を導入し、バンコク―ラモング線とバンコク―プーケット線に就航、

■一九六九年四月に設立されたマンダラ航空は、バイカウントとホーカーシドレー748を導入し国内線で運航していた。一九八六年に東亜国内航空から三八号機を購入する予定だったが、インドネシア政府から輸入許可が認められなかった。当時、インドネシアでは、スペインと共同で国産旅客機CN-235の開発が進められていた。

さらに地方都市を結ぶ近距離路線を運航するため、エアーニッポンから退役した四機（九七号機・一一六号機・一三三号機・一四六号機）のYSを購入、バンコク、チェンマイ、プーケットを拠点に就航した。YSの操縦訓練には、フィリピンのアボイテス・エアートランスポートの運航乗務員が派遣された。

楽園パプアニューギニアで

オーストラリアをはじめオセアニアの航空会社は、フォッカーF27フレンドシップとホーカーシドレー748を導入していた。YSは唯一、パプアニューギニアのエア・ニューギニアが、一九七四年一一月から翌年の二月まで、全日空から一六四号機をリースし運航した。

パプア・ニューギニアには大小一万余の島々がある。首都のポートモレスビーの人口は約三九〇万人、周辺の島々にはさまざまな部族が暮らし、世界でいちばん多くの言語が使われているという。

モンゴル高原を飛ぶ

アジア大陸の中央部にあるモンゴル国は、ロシアと中国に囲まれた高原の広がる内陸国である。

一九九七年ウランバートルで設立されたイースタン航空は、一九九八年六月、日本トランスオーシャン航空を退役した一五八号機をリースし、国内線に就航させた。ウランバートルを拠点にムルン、チョイバルサン、ダランザドガド、バヤンホンゴル、ウルギーなどの都市を結んだ。近距離はブルガンまで二六五キロ、長距離路線はウルギーの一三八一キロだった。しかし、一九九九年四月、YSはアボイテス・エアートランスポートへ引き渡され、撤退してしまった。

■モンゴル航空がウランバートルから成田へエアバスA310で乗り入れている。国内線は双発ターボプロップ機アントノフ24（五〇席）を運航している。

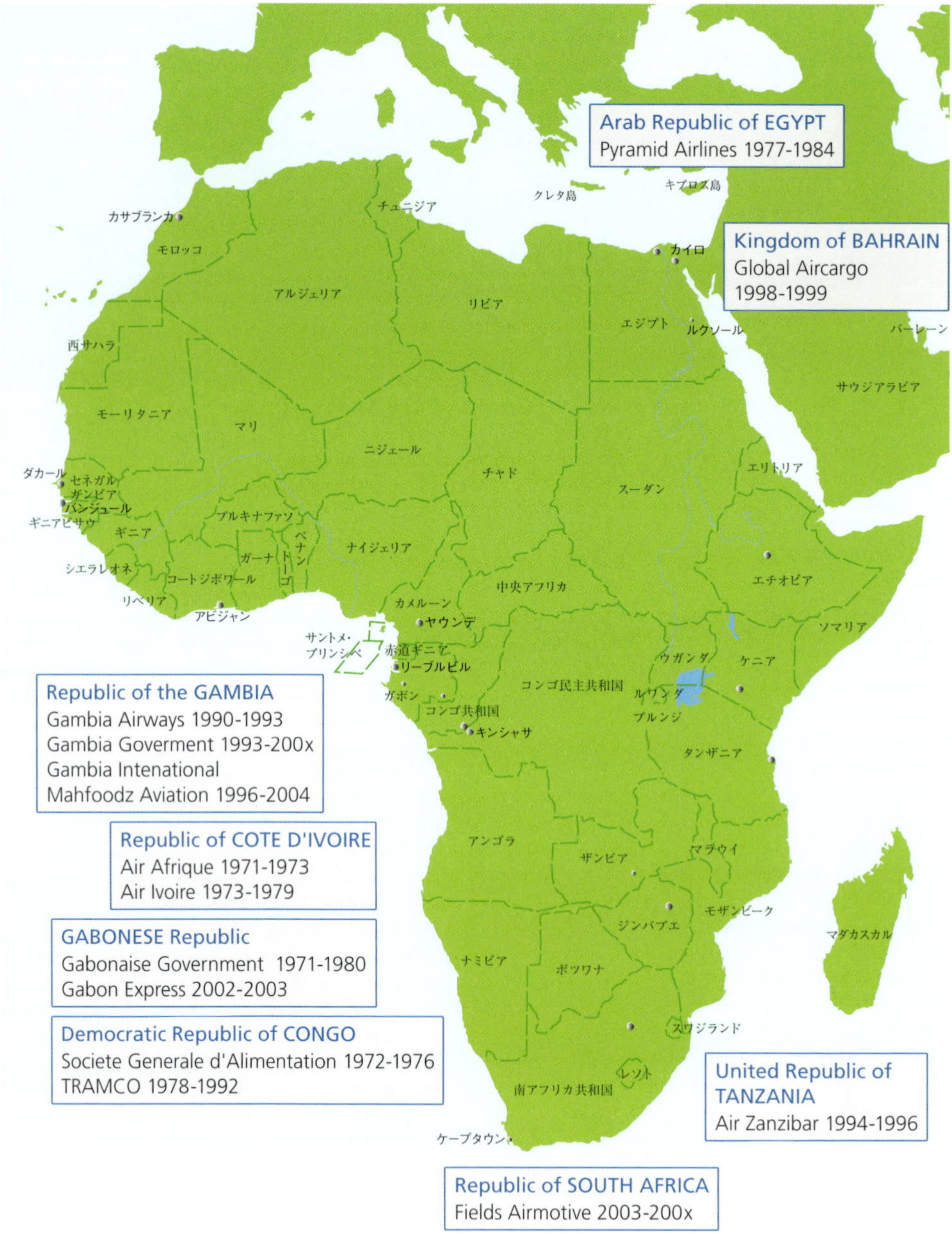
Arab Republic of EGYPT
Pyramid Airlines 1977-1984
Kingdom of BAHRAIN
Global Aircargo
1998-1999
Republic of the GAMBIA
Gambia Airways 1990-1993
Gambia Goverment 1993-200x
Gambia Intenational
Mahfoodz Aviation 1996-2004
Republic of COTE D'IVOIRE
Air Afrique 1971-1973
Air Ivoire 1973-1979
GABONESE Republic
Gabonaise Government 1971-1980
Gabon Express 2002-2003
Democratic Republic of CONGO
Societe Generale d'Alimentation 1972-1976
TRAMCO 1978-1992
United Republic of
TANZANIA
Air Zanzibar 1994-1996
Republic of SOUTH AFRICA
Fields Airmotive 2003-200x
クレタ島
キプロス島
カサブランカ
チュニジア
モロッコ
カイロ
アルジェリア
リビア
エジプト
ルクソール
バーレーン
西サハラ
サウジアラビア
モーリタニア
マリ
ニジェール
チャド
エリトリア
ダカール
セネガル
ガンビア
バンジュール
スーダン
ギニアビサウ
ブルキナファソ
ギニア
ベナン
ナイジェリア
ガーナ
トーゴ
シエラレオネ
コートジボワール
エチオピア
中央アフリカ
リベリア
アビジャン
カメルーン
ヤウンデ
ソマリア
サントメ・
プリンシペ
赤道ギニア
ウガンダ
ケニア
リーブルビル
コンゴ民主共和国
ガボン
ルワンダ
コンゴ共和国
ブルンジ
キンシャサ
タンザニア
アンゴラ
マラウイ
ザンビア
モザンビーク
ジンバブエ
マダガスカル
ナミビア
ボツワナ
スワジランド
レソト
南アフリカ共和国
ケープタウン

アフリカの大地へ

アフリカの国々は長い間、フランスやイギリスなどの植民地であった。一九六〇年に中央アフリカと西アフリカの国々が独立を果たした。一九六一年、旧フランス植民地のベナン、カメルーン、中央アフリカ、コートジボワール、コンゴ、ガボン、ブルキナファソ（オートボルタ）、モーリタニア、ニジェール、セネガル、チャドの一一ケ国による多国籍企業のエア・アフリクが設立された。

赤道直下の新興国カメルーン政府は、エア・アフリクと共同で国営航空を創設することになり、YSを最有力候補機として検討していた。しかし、旧植民地時代から政治、経済的に影響力のあるイギリスとオランダが介入してきた。カメルーン政府の要望もあり、アフリカでのデモフライトが決まり、一九六九年一二月三日、八九号機がカメルーンの首都ヤウンデに向け飛び立った。西アフリカデモ機は胴体にライトグリーンの二本のラインと「TOKYO-YAOUNDE」の文字、垂直尾翼には大きな日の丸が描かれた。また、機首には世界で活躍するユーザー一七社のマークが記入された。デモ機は途中の国々で給油しながら、東南アジア―中近東―ヨーロッパを経て北アフリカのモロッコ、そして西アフリカのカメルーンまで二万五〇〇〇キロを飛んだ。

一二月一二日にモロッコの首都ラバトに到着、翌一三日にデモフライトを行い、そしてサハラ砂漠を越え、西アフリカのセネガル共和国ダカール、コートジボアールを経て、カメルーンのヤウンデに降り立った。現地の新聞は東の果てから飛んできた「日の丸機YS」の来訪を伝えた。デモフライトが行われた空港のデッキは、子供から大人まで見物人があふれ、YSが短い滑走で離陸すると、どっと拍手がわき「ジャポネ、ジャポネ」と歓声が上がった。旧植民地として支配されてきたアフリカの人々は、日本人には親近感をもち、日本人が造った「日の丸機YS」に好意的であった。

そしてガボン、ザイール（現・コンゴ民主共和国）、中央アフリカ、ザンビアとアフリカの大地の上空をYSは飛んだ。アフリカのデモフライトでは、エア・アフリクの客室乗務員二名がツアーに同行、各地で政府高官やエアラインの関係者にYSを披露した。一九七〇年一月一日付の東京新聞紙上に、西アフリカのデモフライトの記事が掲載された。そこには、アフリカの子供たちと、翼に日の丸を描いたYSの誇らしげな写真があった。

熱帯の大地、中央アフリカを飛ぶ

中央アフリカと西アフリカは、サバンナに覆われ熱帯気候のため年中高温である。エア・アフリクには、一九七〇年二月にアフリカデモで使用された八九号機、一二月に一二八号機の貨客混載型が引き渡された。当時エア・アフリクには六〇名のパイロットがいたが、すべてフランス人だったという。YSは近・中距離の国際線で活躍したがジェット化が進み、一九七三年にコートジボワールのエール・イボワールにリースされ、一九七九年に全日空が購入し日本に戻った。

コートジボワール共和国のエール・イボワール（エア・アイボリー）は、フランスUTAとエア・アフリクの出資で設立され一九七六年一月に国有化された。一九七三年にエア・アフリクから二機のYSをリースし、首都アビジャンを拠点に国内一〇都市を運航した。一九七九年にフォッカーF28フェローシップが導入されYSは退役した。コートジボワールは西アフリカに位置し北はマリ、ブルキナファソ、東はガーナ、西はギニアとリベリアに囲まれた熱帯の国である。世界有数のコーヒーとカカオの輸出国で石油・天然ガス・金などの地下資源開発に力を入れていた。

大統領専用機になったYS

中央アフリカのガボン共和国は、大統領専用機としてYSを採用、密林を切り開いて造られた草地の滑走路に発着し、シュバイツアー博士の熱帯病研究の地、ランバレネへも飛んだ。

ガボンは、アフリカ中央部に位置する大西洋に面した国で、海岸部は白い砂浜とマングローブの茂る湿地、北部から東部は高原と山岳地帯、南部はサバンナ地帯である。一九七〇年代に、大規模な海底油田が発見され、アフリカで五番目の産油国となった。内陸部には国土の約七五%を占める熱帯林があり、木材輸出が第二位の産業である。人口の少ないガボンでは、道路の整備網は現在でも未発達で、大統領は飛行機を使用し、国内を移動している。

アフリカデモでガボンを訪れた八九号機に、就任間もないガボン共和国のエル・ハジ・オマール・ボンゴ大統領を招待し、出身地のフランスビルにある一〇〇〇メートルの草地の滑走路で発着を見せた。ボンゴ大統領はYSに惚れこみ、大統領専用機と政府の人員貨物輸送機として二機のYSを採用。そして一九七一年三月に一二九号機、一九七三年二月に一六九号機が引き渡された。二機のYSは一九七九年末頃まで活躍したが、一二九号機は一九七九年一二月にエジプトのピラミッド航空、一六九号機は一九八〇年五月にアラスカのリーブ・アリューシャン航空に売却された。また、一四〇号機がトランス・ガボン向けに製造されたがキャンセルとなり、フォッカーF28を導入している。

■三五年間も政権の座にあるボンゴ大統領の専用機として、現在はガルフストリームⅣとファルコン900EX、ボーイング（ダグラス）DC-8-73Fを保有。二〇〇三年一〇月には第三回アフリカ開発会議のため二機のDC-8-73Fが羽田に飛来した。

アフリカ各地を飛ぶユーズドYS

一九七二年一一月、アフリカ大陸のほぼ中央を流れるコンゴ川流域にあるコンゴ民主共和国（旧ザイール共和国）にYSが輸出された。コンゴでは、コンゴ川やキリマンジャロ（五八九五メートル）

左／11ケ国の多国籍企業エア・アフリクへ1970年12月に128号機TR-LPJ、
西アフリカのデモフライトで活躍した89号機TR-LPGの2機が輸出された。
1973年4月にアイボリーコーストのエール・イボワールにリースされ
1979年までアフリカの空を飛んでいた。

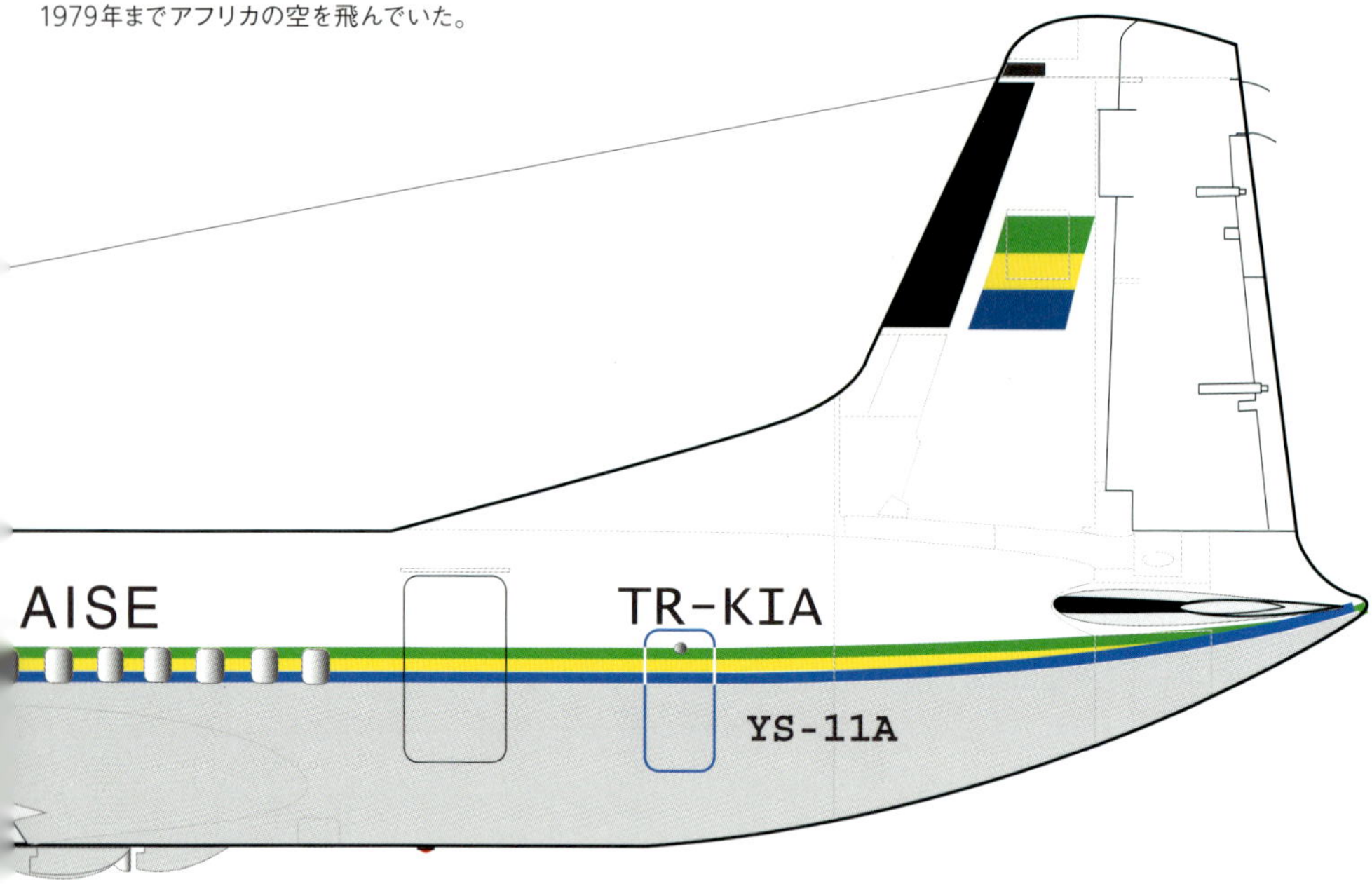

ガボン共和国の政府専用機として採用された。
1971年3月129号機TR-KIAが引き渡され、大統領専用機としてアフリカの空を飛んだ。
さらに169号機TR-KIBが1973年2月に、ガボン空軍の輸送機として導入。
129号機はその後、エジプト、アメリカのエアラインで活躍した。

西アフリカのガンビア航空が
全日空から24号機C5-CGBと共に購入した30号機C5-CGA。
国土の狭いガンビアでは首都バンジュールを拠点に国際線にYSを就航させた。
その後、ガンビア航空は撤退し、ガンビア国際航空に引き継がれて退役した。
24号機はマーフーズ・アヴィエーションに移管、
アフリカン・エクスプレスとして運航された。

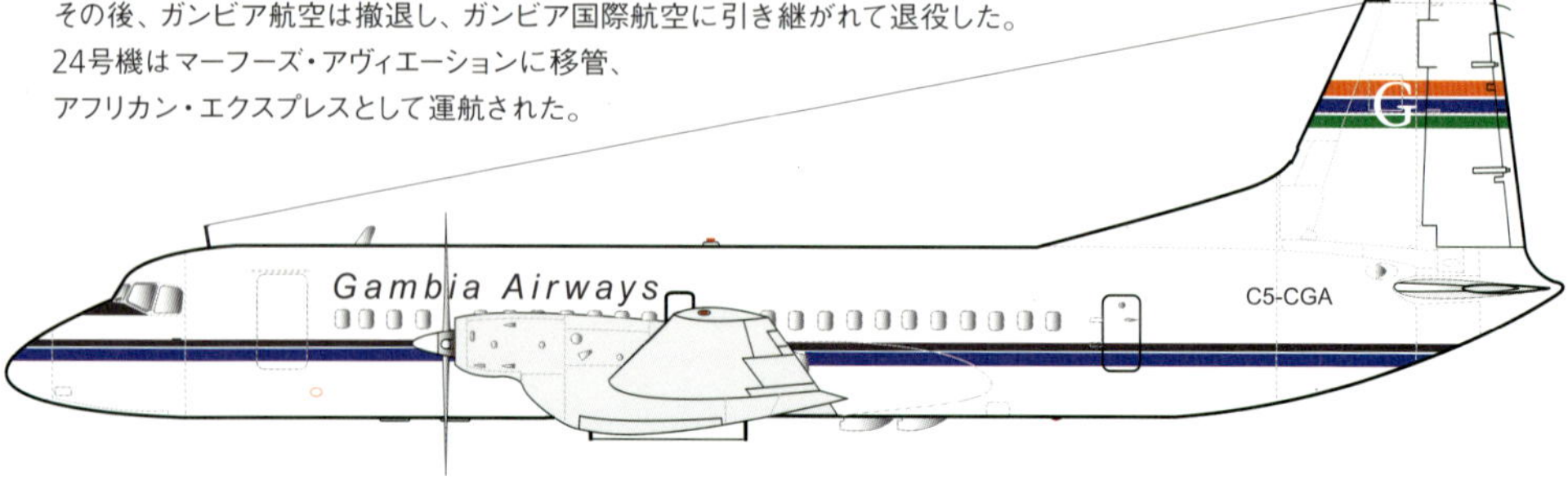

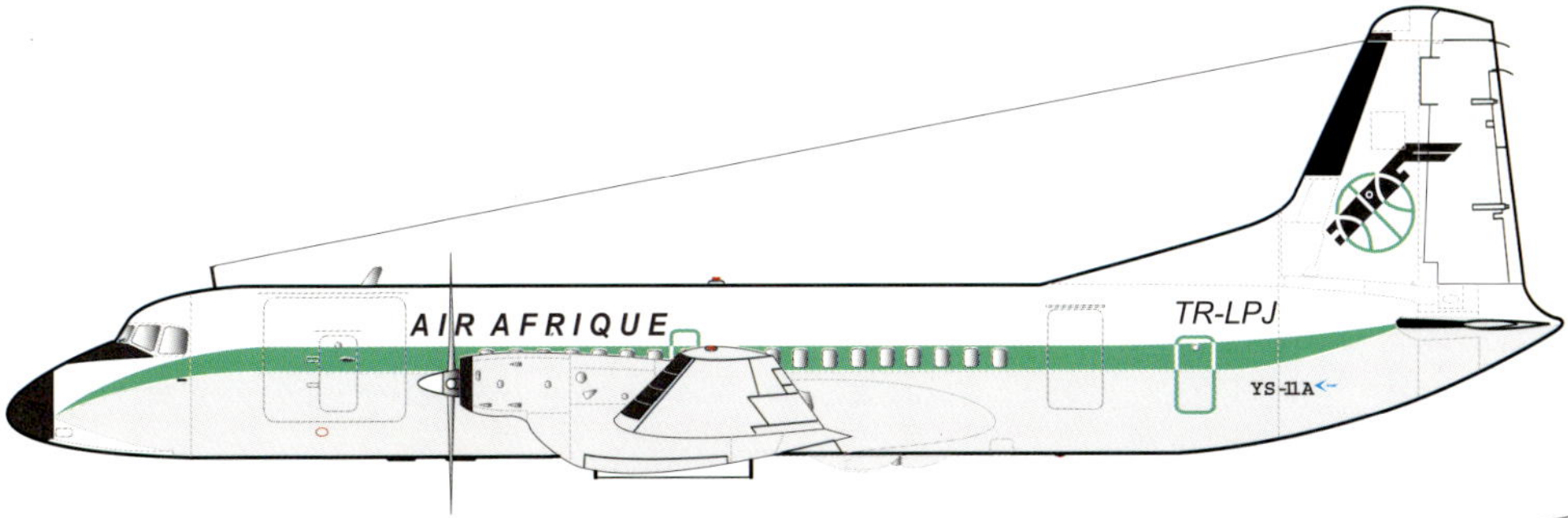

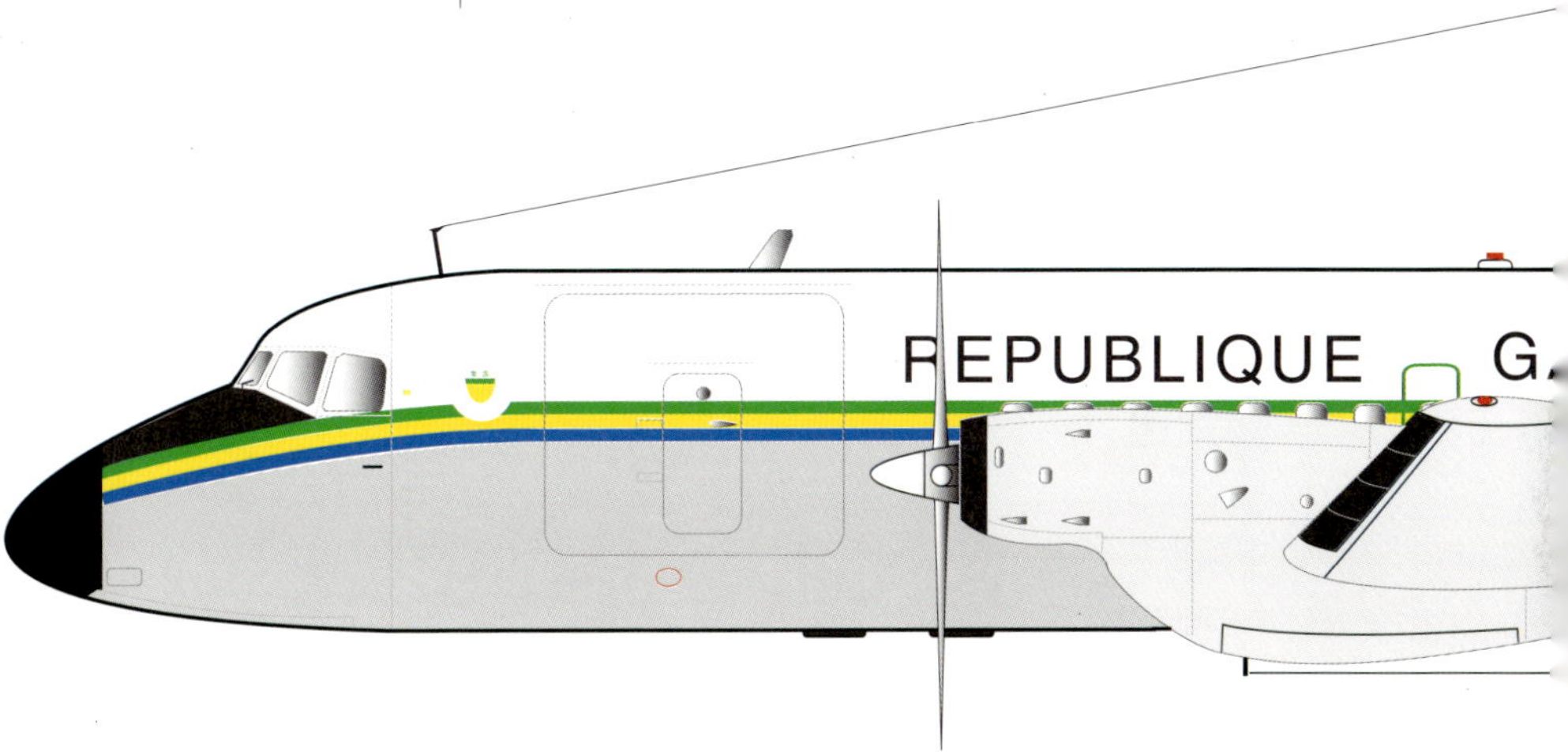

コンゴ民主共和国の流通商社ソシエテ・ジェネラル・アリマンタシオン社が
1972年11月に購入した貨客混載600型の140号機9Q-CWL。
1978年全貨物型に改造後、TRAMCO社の所有機となり
1992年まで使用された。

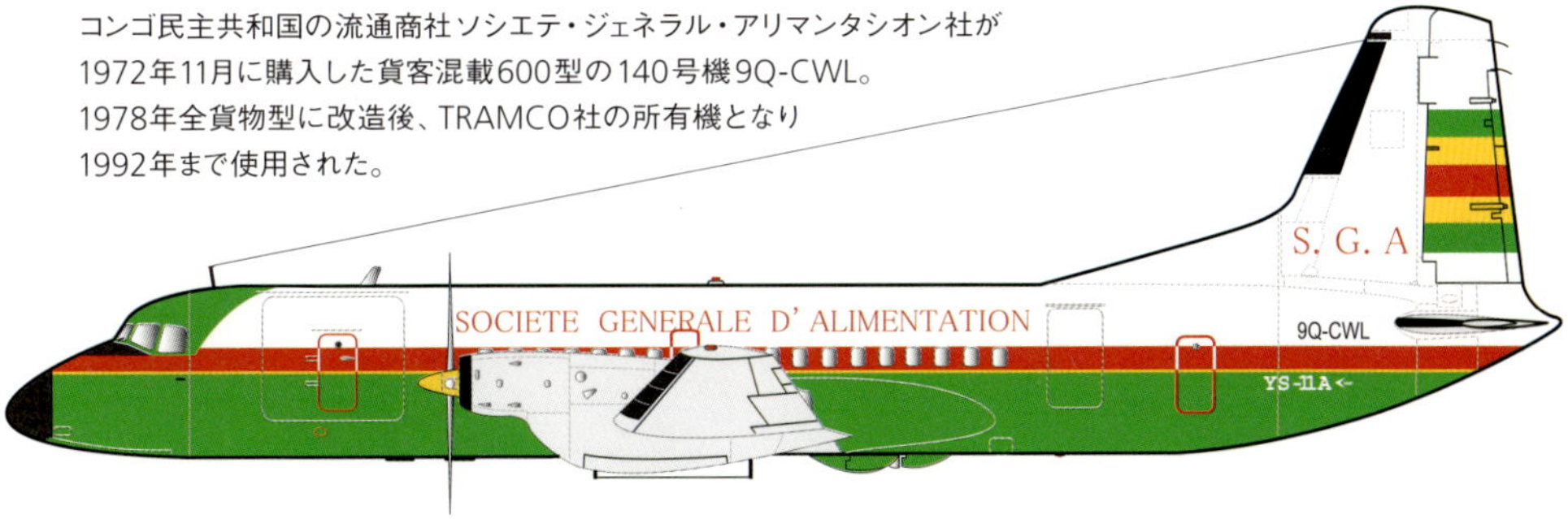

をバックグラウンドにYSは飛んだ。ソシエテ・ジェネラル・アリマンタシオン社は、一九七二年一一月に貨客混載型（600型）一四〇号機を購入、主に貨物輸送用として使用した。一四〇号機は一九七八年に貨物専用機に改造されたのち、同国のTRAMCO社へ売却、一九九二年一二月までアフリカの空を飛び続けた。

エジプトのピラミッド航空は、ピードモント航空から一九七七年一二月に五七号機、一九七八年四月に六一号機を購入、北アフリカで運航を始めた。エジプト・アラブ共和国はアフリカ大陸の北東に位置し、北は地中海、東はイスラエル、南はスーダン、西はリビアに囲まれている。国土の大部分が砂漠でナイル河口の東にスエズ運河がある。カラーリングはピードモント航空のままであったが、機首に「ナイルリバー・ペースメーカー」、「レッドリバー・ペースメーカー」とマーキングされた。一九七九年一二月にガボン共和国から一二九号機、一九八二年八月には、ピードモント航空から四機目となる一〇九号機を購入した。しかし、一九八四年六月、プロビスタウン・ボストン航空へ売却されることになり、四機のYSはマルタからアメリカに向け飛び立った。

西アフリカの西端に位置するガンビア共和国は、東西三〇〇キロのガンビア川沿岸とセントマリー島からなる。ガンビア航空は、これまで英カレドニア航空によって運航されてきたが、一九九〇年に自主運航を行うため、エア・アルバから七号機と一四号機をリースした。さらに一九九一年三月、全日空の三〇号機、一九九二年四月には二四号機を購入した。運航に先立ち、日本人パイロットと整備クルーがガンビアに滞在し運航を支援した。その後、YSはガンビア航空からガンビア国際航空に引き継がれたが、フォッカーF28フェローシップの導入により撤退。三〇号機はガンビア政府の所有となったが、二四号機はマーフーズ・アヴィエーション社へ移管され、アフリカン・エクスプレス便として二〇〇三年頃まで運航された。

一九九四年に日本エアシステムを退役した七九号機は、エヌエイエス・アヴィエーション社が購入

■定年退職した四名のパイロットと、三名の整備士がガンビアへ飛んだ。フェリーのため、YSの機内には、補給用のゴム製タンクが搭載され、全部で約一〇トンの燃料が積み込まれた。ガンビアまで二万キロを越すフライトで、途中一〇時間も飛び続けたこともあったという。

し、タンザニアのエア・ザンジバールへリースされた。タンザニア連合共和国はアフリカ東部にあり東側はインド洋、北側はケニアとウガンダ、西側はルワンダ、ブルンジ、コンゴ民主共和国、南側はマラウイ、モザンビーク、ザンビアに囲まれている。北東部には五八九五メートルのキリマンジャロが聳《そび》え、高原地帯が続くコーヒーと綿の農業国である。

一九九八年一〇月、七〇号機がバーレーンのグローバル・エアカーゴ社に引き渡され、サントメ・プリンシペ民主共和国に登録された。赤道直下にあるサントメ・プリンシペ民主共和国は、ギニア湾の東部にあるサントメ、プリンシペ両島と四つの小島からなる人口約一四万人の国である。一九九九年一二月、七〇号機はメキシコのアルコン社に売却された。

二〇〇二年、ガボン共和国の空に再びYSが姿を現した。一九九八年に設立されたガボン・エキスプレス社は、フロリダで保管されていたABXエア退役機の五一号機を購入し、赤道ギニア国に登録し運航したが、二〇〇三年三月に南アフリカのフィールド・エア・モーティブ社に売却、スワジランド王国籍に登録された。スワジランド王国は南アフリカ北部に位置し、一九六八年に独立した人口七四万人、国土面積一万七三六八平方キロとアフリカの中で最も小さな独立国だが、豊かな鉱物資源と森林資源に恵まれ経済も安定している。

ガンビアで唯一、旅客便として就航していた二四号機が、二〇〇四年二月に退役したため、アフリカではYSはガンビア政府所有の三〇号機と、南アフリカのフィールド・エア・モーティブ社の五一号機のみとなった。

第Ⅲ章
旅客機から特殊改造機へ

YSは、官庁関係の専用機として多数の改造型が生産された。航空路や飛行場の安全を守る運輸省航空局の飛行検査機、広大な海域の哨戒及び捜索救難活動のための海上保安庁救難機。航空自衛隊では人員輸送機P型、飛行点検機FC型、貨物輸送機C型。海上自衛隊では機上訓練機T－A型と貨物輸送機M・M－A型を採用した。

運輸省航空局のYS-11 飛行検査機で日本の空の安全を見守る

戦後、日本の航空保安施設などの飛行検査は米軍によって行われていたが、一九六二年四月から一部の航空保安施設の飛行検査を米軍から引き継ぎ、ダグラスDC-3「ちよだ」で業務を開始した。

一九六四年一〇月に量産初号機として初飛行した三号機(JA8610)は、飛行検査機として改修され、一九六五年三月三〇日に航空局に引き渡された。YSの導入によって米連邦航空局(FAA)から業務が引き継がれ、日本の飛行検査体制の基礎が作られた。一九六七年一月に二番機となる二一号機(JA8700)が導入されると、航空局所管の全航空保安施設の飛行検査が、米国連邦航空局から移管された。

YS-11飛行検査機は、前方右側にある貨物扉がなくなり、機体上面に短波・高周波(HF)アンテナと二本の極超短波(UHF)アンテナ、後方下面に二本のタカン(軍用専用のUHF帯)アンテナ、二個のマーカー(指向性電波)アンテナ、補助動力装置(APU)用の吸排気孔が設けられた。キャビン内部は前方に作業室、後方を乗客八名が同乗できる客室とした。作業室には各種無線機器、自動操縦装置関係機器、オーディオ機器が搭載されている。各種電子機器の電力源は機体後部に搭載したAPUを使用した。

運輸省航空局へは六機のYSが納入された。三番機となる四七号機(JA8720)は、一九六八年八月に引き渡された。その後、航空大学校で飛行訓練機として使用されていた四八号機(JA8711)と四九号機(JA8712)が、一九七二年三月に飛行検査機として改修され航空局に配属された。六番機となる八四号機(JA8709)は、一九六九年から一九七七年までブラジルのヴァスプ航空で、一九七七年から一九八五年までは東亜国内航空の「よろん」として使用されていた旅客型

国土交通省					
YS-11-104	JA8610	2003	国土交通省航空局	東京国際空港	1998年12月18日 登録抹消
YS-11-110	JA8700	2021			1999年1月29日 登録抹消
YS-11A-212	JA8709	2084			
YS-11-115	JA8711	2048			2002年10月1日 登録抹消
YS-11-115	JA8712	2049			2003年5月29日 登録抹消
YS-11-118	JA8720	2047			

を改修した。当初、飛行検査機のカラーリングは、機首部分と垂直尾翼及び主翼先端が蛍光オレンジに塗装されていたが、その後はブルートーンホワイトに変更されている。

運輸省航空局では、次世代の航空保安システムに対応するため、YSの後継機としてボンバルディアBD700と二機のガルフストリームⅣ、スウェーデンのサーブ2000型二機を導入している。サーブ2000は最大速度三七〇ノット（時速約六八五キロ）、最大運用高度三万一〇〇〇フィート（約九四四八メートル）を誇り、グラス・コクピット*を装備した新世代ターボプロップ機で、米パーカー・ハネフィン社製の飛行検査装置を搭載し、高精度の検査解析・処理を可能にした。

YS-11の量産初号機（JA8610）は一九九八年一二月一八日に退役したが、国立航空博物館で永久保存されるため、羽田空港の格納庫に整備保管されている。二一号機は一九九九年一月二九日に退役し、フィリピンのエア・フィリピンへ売却。四八号機は二〇〇二年一〇月一日、四九号機は二〇〇三年五月二九日に退役した。

二〇〇一年一〇月一五日から一二月二一日まで、成田空港の二本目となる暫定滑走路二一八〇メートルの飛行検査がYSによって実施され、一〇月三〇日には計器着陸装置（ILS）の検査のため、新しい滑走路の上空を飛んだ。当日の朝日新聞夕刊には、成田国際空港の上空を飛行する国土交通省のYSの姿が一面にカラーで掲載された。

*―これまでの計器に替わり、各種情報を統合化して、画面に表示する電子飛行システムで、その操縦席をグラス・コクピットという。大型旅客機で六画面、小型旅客機で四画面ほどが装備されている。

海上保安庁のYS-11　日本の海を守る

一九六五年（昭和四〇年）秋、マリアナ沖で日本漁船が遭難、多数の乗組員が亡くなられた。この事故を教訓に、海上保安庁は長距離捜索救難機を導入することになり、YSを改造した救難機が採用された。海上保安庁向けのYSは長距離洋上飛行に備え、航法通信設備、六分儀、偏流計などを装備

新潟空港を離陸するブルーイレブン。胴体中央の窓はなく、上部にＨＦアンテナ、後方にバブル・ウインドウ、後尾に長いＭＡＤブームが装備されている。

国土交通省航空局のＹＳ飛行検査機。ノーズには、地上から測定するための十字線がマーキングされている。

海上保安庁のＹＳは千歳、羽田、那覇の各航空基地に配備され、海上哨戒、捜索救難活動を行っている。

した。また、滞空時間と航続距離を延ばすため、翼内バグタンクの他に胴体内に八一五ℓ入りの胴体燃料タンクを三個もち、一三〇〇キロ先の捜索空域まで飛び、約二・五時間の低空捜索を行うことができるようにした。胴体後部両側に、直径八〇〇ミリの球形見張り窓（バブル・ウインドウ）と横向きの見張り席があり、胴体下面には、シーマーカーなどの標識投下装置二本と投下救命イカダ等の物件投下口がある。

九三号機「ブルーイレブン」の後尾には、磁気観測ヘッドを収めた約一メートルのＦＲＰ（繊維強化プラスチック）製ＭＡＤ（磁気探査装置）ブームが装備されている。海上保安庁では、「ブルーイレブン」を使用して全国の水路の地磁気と真方位、磁気方位を定期的に観測している。

太平洋に浮かぶ南鳥島（マーカス）には、太平洋を航行する船舶のための電波航法システム・ロランＣ局がある。その保守運用を担当する職員を送迎するため、羽田からＹＳによる定期便を運航している。羽田から南鳥島まで、硫黄島を経由して八時間三〇分のフライトとなる。

海上保安庁は九三号機（ＬＡ７０１）を一九六九年三月に導入、二番機となる一七五号機（ＬＡ７０２）を一九七一年一一月に配属した。その後、全日空が日航製からリースしていた２００型を捜索救難機に改造、一九七八年一二月に一七七号機（ＬＡ７９１）、一九七九年二月に一六七号機（ＬＡ７８２）、一九七九年三月に一六四号機（ＬＡ７８０）を導入した。そして羽田航空基地にＬＡ７０１「ブルーイレブン」、千歳航空基地にＬＡ７０２「おじろ１号」とＬＡ７８２「おじろ２号」、那覇航空基地にＬＡ７８０「しゅれい１号」とＬＡ７９１「しゅれい２号」が配属された。

海上保安庁は二〇〇二年一〇月一九日、ＹＳの後継機に長距離捜索救難機ガルフストリームⅤを採用し二〇〇四年に導入した。

海上保安庁					
YS-11A-207	JA8701	2093	第3管区海上保安本部	羽田航空基地	LA701 ブルーイレブン
YS-11A-207	JA8702	2175	第1管区海上保安本部	千歳航空基地	LA702 おじろ1号
YS-11A-213	JA8780	2164	第11管区海上保安本部	那覇航空基地	LA780 しゅれい1号
YS-11A-213	JA8782	2167	第1管区海上保安本部	千歳航空基地	LA782 おじろ2号
YS-11A-213	JA8791	2177	第11管区海上保安本部	那覇航空基地	LA791 しゅれい2号

航空自衛隊は一三機のYSを導入している。人員輸送機P型、貨物輸送機C型、航法訓練機NT型、飛行点検機FC型、ECM訓練機EA型、そして電子情報収集機EB型である。

海外から日本を訪れた国賓クラスのVIPを送迎するため、航空自衛隊のYS-11P型人員輸送機が活躍した。ホワイトとシルバーのツートンにブルーのラインが美しい。キャビンとコクピットは、無線機器を除き、当時の全日空仕様のものを採用した。客席は最前列だけ後ろ向きにした対面式で、三六インチ（約九一センチ）ピッチの四八席を配置。一号機と二号機はVIP輸送用装備として三二席の座席、後方には左右内側向きに三人掛けソファを設けラウンジとした。胴体右側最前部の荷物室の場所に航法士席とキャビン窓を追加、また男子専用トイレも設置された。燃料は主翼内のインテグラル燃料タンクとバグタンクが付けられ総容量は七二七〇ℓとなった。客席は軽貨物輸送用パレット又は患者輸送用寝台に換装が可能である。P型の初号機となった八号機（1151）は一九六五年三月三〇日に部隊配備され、主に人員輸送を任務として一九九二年まで航空自衛隊の定期運航便に使用された。P型として配備されたYSは八号機、九号機（1152）、一八号機（1153）、一九号機（1154）であったが、一九九〇年に一九号機、一九九二年に八号機が飛行点検機FC型に改造された。二〇〇一年、九号機（1152）と一八号機（1153）の二機は、美保基地の航空支援集団第三輸送航空隊第四〇三飛行隊に移動した。

YSの胴体後部左側に大きなカーゴドアを装備したのがYS-11C型貨物専用機だ。YSの全貨物型として生産されたYS-11A-400型は、航空自衛隊がYS-11C、海上自衛隊がYS-11M-Aとして導入した。航空自衛隊のYS-11C型は一二四号機（1156）、一二五号機（1157）、一五〇号機（1158）、一五一号機（1159）、一六〇号機（1161）、一六一号機（1162）、一六二号機（1163）の七機で、胴体後部左側に三・〇五×一・八三メートルのカーゴドアを装備し床が強化され、キャビン内部仕様の変更ができる。人員輸送用として四四席のパッセンジャー・シート、三

上／ブルーのラインが美しいYS-11P型。各国の元首やVIPが国内の移動でYSに乗った。

下／自衛隊機の中でも目立つカラーが施された飛行点検機YS-11FC。三機のFCが日本各地の基地や駐屯地の上空を飛び回り、空の安全を見守っている。

上／三枚ブレードのプロペラと、エンジンを包むマウントが特徴。航空自衛隊では、スーパーYSと命名、ECM訓練機EA型二機と電子情報収集機EB型四機を改造した。

下／日本飛行機が川崎重工業の協力を得て改造したECM訓練機YS-11E。レーダーを収納するための大小のレドーム、各種電子機器や冷却装置を装備した。

人掛けのトループ・シート一四脚四二名分、担架二四床を設置できる。またカーゴドアにはスライド式の小型物資投下ドアも装備された。航空自衛隊は、大型で航続距離の長いＣ-１３０Ｈを配備したため、ＹＳは貨物輸送の役目を終え、人員輸送機、航法訓練機、ＥＣＭ訓練機、電子情報収集機として改造された。

航空自衛隊が保有する唯一の航法訓練機として、一二四号機（１１５６）を一九七七年に貨物専用機から改造して、ＹＳ-11ＮＴ型航法訓練機が造られた。美保基地の航空支援集団第三輸送航空隊に配備されている。

赤い尾翼のチェッカーマーク、機首から続く胴体のライン、そしてプロペラの先端にあるスピナーも赤色と、色鮮やかなカラーリングが施されたＹＳが、航空自衛隊入間基地に配備されている。自衛隊が管理する航空基地や駐屯地の航空保安無線施設を、空から点検する飛行機である。ＹＳ-11ＦＣの外観は、胴体の上に超短波（ＶＨＦ）アンテナとタカン（軍用専用のＵＨＦ帯）アンテナを増設、機内には航空通信設備や航空交通管制施設を検査するための自動点検装置と、計器着陸装置（ＩＬＳ）、通信装置、グラフィック・レコーダ、機上録音機、信号観測用のオシロスコープなど多数の無線機があり、電力源として補助動力装置（ＡＰＵ）を搭載している。航空自衛隊では、カーチスＣ-46飛行点検機の後継機にＹＳを採用、ＦＣ初号機となった一五九号機（１１６０）が、一九七一年二月二五日に引き渡され、三月九日から実用試験を開始し、六月一一日に入間基地の航空支援集団飛行点検隊に配備された。また、八号機（１１５１）と一九号機（１１５４）もＦＣ型に改造し運用している。航空支援集団飛行点検隊では、一九九三年七月一日に配備された二機のＵ-１２５ジェット機を、高々度や遠隔地の点検に使用、ＹＳはＵ-１２５が着陸できない基地や、地上セオドライト要員が必要な任務に優先使用している。

日本の空を監視しているのが、二八ヶ所のレーダーサイトと一一個の移動警戒隊のレーダーである。

航空自衛隊					
YS-11FC	52-1151	2008	航空支援集団飛行点検隊	入間基地	飛行点検機
YS-11P	52-1152	2009	第3輸送航空隊第403飛行隊	美保基地	人員輸送機
YS-11P	62-1153	2018			
YS-11FC	62-1154	2019	航空支援集団飛行点検隊	入間基地	飛行点検機
YS-11EB	82-1155	2074	航空総隊司令部飛行隊電子飛行測定隊		電子支援機
YS-11NT	92-1156	2124	第3輸送航空隊第403飛行隊	美保基地	航法訓練機
YS-11EB	92-1157	2125	航空総隊司令部飛行隊電子飛行測定隊	入間基地	電子支援機
YS-11P	02-1158	2150	第3輸送航空隊第403飛行隊	美保基地	人員輸送機
YS-11EB	02-1159	2151	航空総隊司令部飛行隊電子飛行測定隊	入間基地	電子支援機
YS-11FC	12-1160	2159	航空支援集団飛行点検隊		飛行点検機
YS-11EB	12-1161	2160	航空総隊司令部飛行隊電子飛行測定隊		電子支援機
YS-11EA	12-1162	2161	航空総隊司令部飛行隊電子戦支援隊		ECM訓練機
YS-11EA	12-1163	2162			

レーダーは、日本列島周辺を飛行する航空機を探知・追尾し、その情報を解析して作戦指揮所に送る。しかし、侵入機などからレーダー網に電子的な妨害が発せられると、警戒管制能力にダメージが及ぼされ機能を失ってしまう。こうした見えない脅威に備えるため、航空自衛隊では、ＥＣＭ器材を搭載した航空機から、地上の警戒レーダーや地対空ミサイルの射撃統制レーダーなどに妨害電波（ＥＣＭ）をかけ、その対応を訓練している。日本で初めてＥＣＭ機材を搭載したカーチスＣ-46Ｄの後継機に、ＥＣＭ訓練機ＹＳ-11Ｅ型が採用された。ＥＣＭ訓練機は、日航製が解散していたため日本飛行機が川崎重工業の協力を得て改造を始めた。最初にＥＣＭ訓練機に改造されたのは、輸送機として運用されていた一六二号機（１１６３）で、胴体の下面に二個の大型レドームと胴体上面に大小のレドーム、そして、胴体後部両側に冷却装置を装備した。一九七六年三月に改造が終わり、各種試験を経て一九七七年一月に電子訓練隊に配備された。また、一六一号機（１１６２）も一九七九年二月にＥＣＭ訓練機に改造された。

航空自衛隊の電子戦部隊には、航空総隊司令部飛行隊（総司飛）隷下の電子戦支援隊と電子飛行測定隊がある。電子戦支援隊は、レーダーサイトなどに対する電子戦訓練を任務とする部隊である。電子戦能力強化のために、電子訓練隊として一九六四年三月二日に編成され、一九九三年七月一日に電子戦支援隊として改編された。人員は約四〇名、二機のＹＳ-11ＥＡとＥＣ-1を運用している。ＹＳ-11Ｅ型はハイパワーのエンジンと、三枚ブレードのプロペラを装備し、搭載電子機材も能力を向上させたＥＡ型に生まれ変わった。大小七ヶ所の尾翼には三色の総司飛マークが描かれている。ＹＳのレドームがなくなり、スマートなスタイルとなった。レドームは、胴体上部三ヶ所に小型レドーム、中央胴体下部に二ヶ所に大型ブレード・アンテナ、後部胴体下部に二枚の小型ブレード・アンテナ、冷却器材収容部も右側のみとなった。ＥＡ初号機となった一六二号機（１１６３）は、一九九一年九月に航空実験団（現・飛行開発実験団）に引き渡され、各種試験を経て一九九三年七月に部隊配備と

SUPER YS-11

スーパーYS-11の誕生

YSの発展型として、日本飛行機が三菱重工業、川崎重工業と新明和工業、石川島播磨重工業の協力を得て開発したスーパーYSがある。航空自衛隊の特殊任務機として貨物機C型を改造し、ECM訓練機E型を開発したが、各種電子機器や冷却装置など重量が増加、さらに各種レーダーを収容するための大きなレドームを装備したため、YSの飛行性能に限界がみられた。そのため、ハイパワーのエンジンとプロペラを装備することになった。エンジンはP-2J哨戒機が搭載していたT64-IHI-10Jを再利用、プロペラはハミルトン・スタンダードの三枚ブレードを装備した。ハイパワーエンジンを搭載したYSの性能は向上し、上昇性能が劣っていたYSの限界高度は九〇〇〇メートルを超え航続距離も延ばされた。

163

なった。一六二号機（1162）もEA型に改造された。

ミディアムグレイとライトグレイの迷彩塗装に施されたYSが飛んでいる。ターボプロップ機の特性を生かし中高度から長時間にわたり、周辺諸国の目に見えない電波や信号などの電波情報を収集・分析する任務を遂行している。その電子情報を収集するための特殊任務機がELINT電子情報収集機である。航空自衛隊で初めて開発されたのが、YS-11EL型電子情報収集機で、四機のYS-11C貨物専用機が改造された。初号機となる一六〇号機（1161）は、一九八二年九月にEL型となり、各種試験を経て一九八三年一二月、電子訓練隊に配備された。一九九一年四月に一二五号機（1157）もEL型となったが、さらに高性能機器とエンジンを換装したスーパーYS-11EB型に二機とも改造され、電子飛行測定隊に配備された。そして、七四号機（1155）と一五一号機（1159）もEB型に改造され配備されている。電子飛行測定隊は一九九一年一一月一一日、航空総隊司令部飛行隊電子訓練隊からELINT専従部隊として新編された。

海上自衛隊のYS-11

大海原の上空で哨戒任務要員のための訓練が行われている。YS-11T-A機上訓練機の胴体の下には大きなレドームが装備され、機首先端がオレンジ色と目立つ。低高度でのミッションが多いため、与圧室は廃止され、エアコン装置は電子機器冷却に使用された。そのため夏季の訓練は厳しい。千葉県にある下総航空基地の下総教育航空群第二〇五教育航空隊には、六機の機上訓練機が配備されている。教育航空隊では、戦術航空士（TACCO）と機上要員を養成するため、YS-11T-A機上作業練習機による空中教育と地上教育を実施し、海上自衛隊の実戦部隊へ配属される。

YS-11T-A機上訓練機は、一九七〇年代に運用されていたP-2J対潜哨戒機やPS-1飛行艇に

海上自衛隊					
YS-11T-A	6901	2100	下総教育航空群第205教育航空隊	下総航空基地	機上訓練機
YS-11T-A	6902	2123			
YS-11T-A	6903	2132			
YS-11T-A	6904	2148			
YS-11T-A	6905	2180			
YS-11T-A	6906	2181			
YS-11M	9041	2033	航空集団第61航空隊	厚木航空基地	輸送機
YS-11M	9042	2058			
YS-11M-A	9043	2174			
YS-11M-A	9044	2182			

搭乗する潜水艦捜索要員の訓練に使用するため、２００型を改造しT型が開発された。当時の機内には、Ｐ-２Ｊの対潜機材が装備され、胴体の下には大きなレドームが装着された。その後、Ｐ-３Ｃ哨戒機の導入により訓練形態が変わり、T-A型の機内装備も変更された。

コールサインは「キャラバン」。尾翼には部隊マークであるラクダのイラストがマーキングされている。海上自衛隊唯一の輸送部隊、神奈川県の厚木航空基地をホームベースとする第六一航空隊である。北は青森県の八戸航空基地から南は沖縄県の那覇航空基地、硫黄島、南鳥島の各航空基地へ四機のＹＳ-11Ｍ／Ｍ-A型輸送機で人員と物資を輸送している。ＹＳを貨物機として改造したため、床板の強度を増加し室内運搬装置（パレット・ローラ・システム）を取り付け、左側の胴体後部に三・〇五×一・八三メートルの大型貨物ドアを装備した。機内には約六〇立方メートルまたは最大容積約八立方メートルまでの貨物が搭載できる。三三号機（９０４１）と五八号機（９０４２）が１００型から改造したM型、一七四号機（９０４３）は４００型、一八二号機（９０４４）は３００型から改造されたM-A型である。カラーリングは胴体下面と主翼、ナセル、水平尾翼はエアクラフトグレーである。

編隊を組んで飛行する機上作業練習機YS-11T-A型。機内は教官と学生のシートが備えつけられ、機上で実戦さながらの訓練を行う。胴体の下に大型レドームが装備されているため精鋭な姿だ。

海上自衛隊の唯一の輸送部隊第61航空隊で活躍しているYS-11M-A型。部隊マークのラクダのとおり、スピードは遅いが力持ちである。日本各地にある基地へ人員、物資を輸送するため、四機のYSはフルに運用されている。9044号機（写真下）は、最後に生産された一八二号機である。

第Ⅳ章

国産旅客機物語

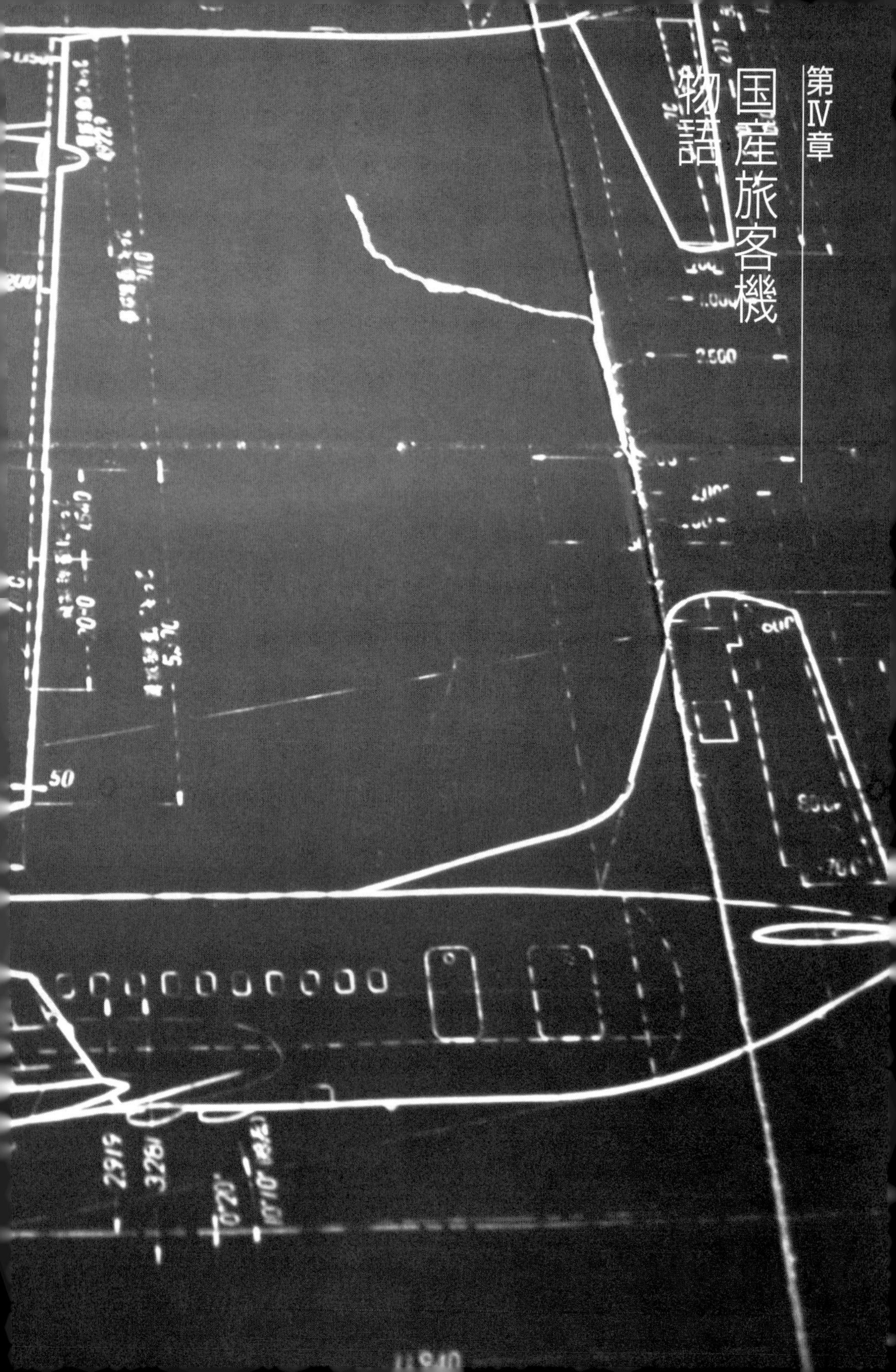

太平洋戦争の時代、傑作戦闘機を次々と開発した日本であったが、輸送機においては爆撃機を改造したものばかりであった。本格的に開発された旅客機といえば、中島ＡＴ－２と三菱ＭＣ－20だけだろう。日本を代表する設計者が基礎研究を行い、航空機メーカーを代表する技術者が日航製に集結した。そして若き技術者たちが一〇〇〇枚に及ぶ計画図面、そして約一万二〇〇〇枚の製造図面を描いた。

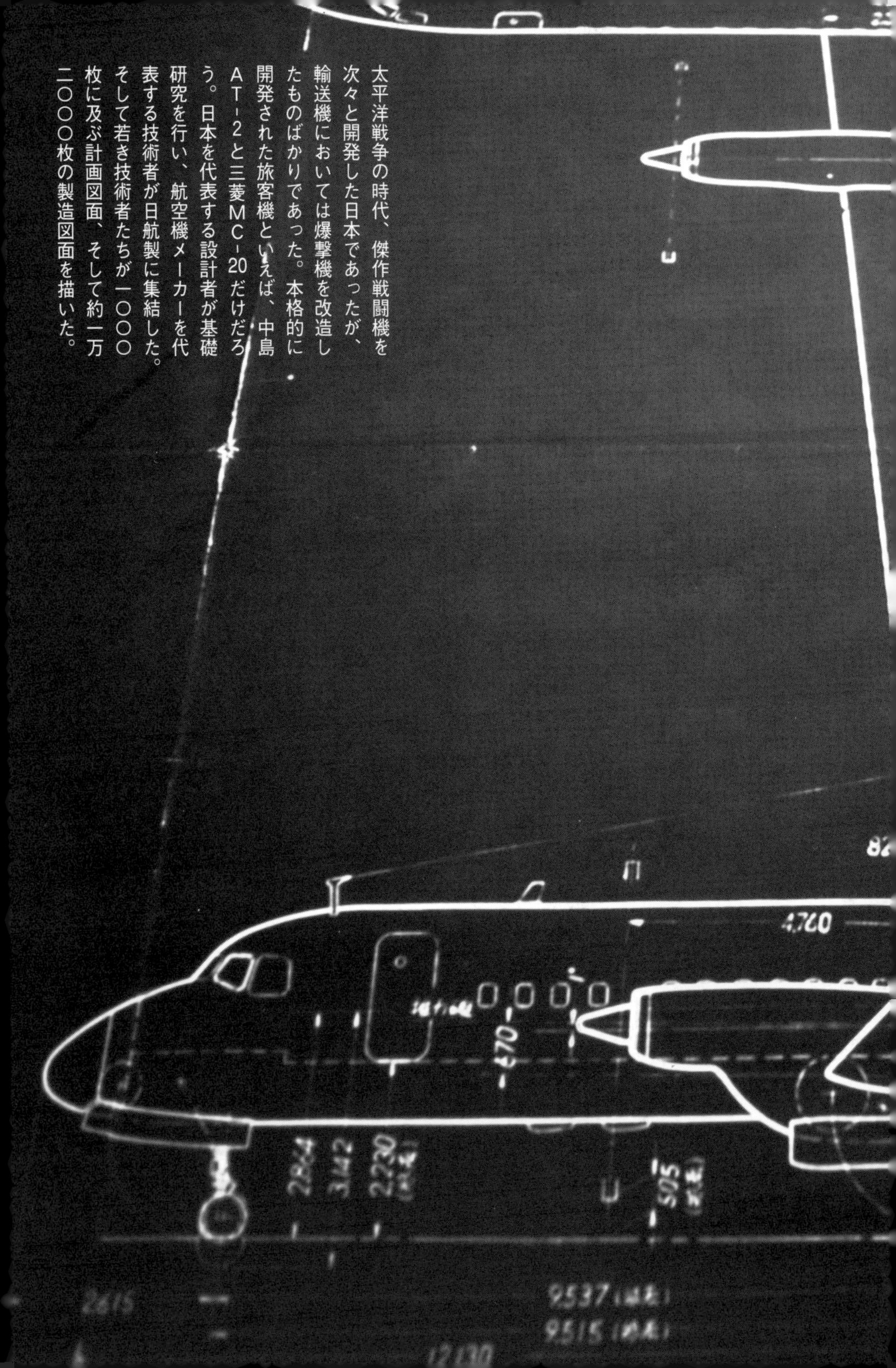

閉ざされた航空の時代

一九四五年（昭和二〇年）一一月一八日、敗戦国となった日本は、連合軍最高司令部（GHQ）から日本政府に出された覚書により、航空工業をはじめ、航空輸送事業など航空に関するすべてのことが禁止された。

一九五一年、アメリカのサンフランシスコで講和会議が開催された。そこで、日本は四八ヶ国と平和条約を結び、独立を回復した。翌一九五二年四月二八日にサンフランシスコ講和条約が発効、航空関連法が施行されて民間航空が再開した。さらに、一九五〇年に警察予備隊として発足した保安隊が陸上自衛隊、一九五二年に設置された警備隊が海上自衛隊となり、新たに航空自衛隊が設置され防衛庁が発足。米軍は陸海空の自衛隊に航空機供与を始めた。一九五六年三月には、川崎航空機（現・川崎重工業）と九七機のT-33Aジェット練習機を、そして、戦前に傑作戦闘機や爆撃機などを開発した三菱航空機が新三菱重工業（現・三菱重工業）となり、七〇機のF-86Fジェット戦闘機をライセンス生産する契約が締結された。また、中島飛行機が富士重工業、川西航空機が明和興業を経て新明和工業となり、日本飛行機と昭和飛行機も事業を再開した。

六月に開催された航空工業会定期理事会では、通産省（現・経済産業省）重工業局航空機武器課課長の赤沢璋一氏が国産輸送機開発に関する構想を発表した。世界の国際路線では大型ジェット機が就航し、国内路線ではDC-3などのプロペラ機が飛んでいた。世界の航空会社で飛んでいる旧式プロペラ機の代替需要に、日本が開発した国産旅客機を輸出し、日本の航空機工業を輸出産業のひとつとして育てたいとのことであった。

傑作旅客機ダグラスDC-3。代替機として開発されたのがYSだった。

YS-11のライバル機

フォッカーF27フレンドシップ原型一号機は、一九五五年一一月二四日に初飛行、量産初号機は一九五八年に初飛行した。フレンドシップの基本型はＭｋ１００、パワーアップタイプがＭｋ２００、Ｍｋ１００の貨客混載型がＭｋ３００、Ｍｋ２００の貨客混載型がＭｋ４００、Ｍｋ２００の胴体を延長したのがＭｋ５００、Ｍｋ２００のクイック・チェンジ型がＭｋ６００。標準型のキャビンの長さは一四・四六メートル、最大幅は二・五五メートル、座席は四列配置で四四席である。一九六七年にデビューしたＭｋ５００は、Ｍｋ２００の胴体を約一・五メートル延長し最大五六席とした。フレンドシップは一九八六年までに七八六機が生産され、このクラスの輸送機としては空前のベストセラーとなった。

一九六〇年六月二四日に初飛行したホーカーシドレー（現・ＢＡＥシステムズ）７４８には、シリーズ１、シリーズ２・２Ａ・２Ｂ、スーパー７４８、そして軍用輸送機アンドーバーがある。量産一号機の初飛行は一九六一年八月三〇日、量産機シリーズ１は一八八〇馬力のロールスロイス・ダート６Ｍｋ５１４エンジンを搭載した。一九六七年にデビューしたシリーズ２Ａは、二二八〇馬力のダート７Ｍｋ５３２-２を搭載し、ペイロードと航続性能を向上させ最大五八席とした。７４８シリーズは一九八七年までに三七九機が生産された。

上／全日空のフレンドシップ。三〇年余りも生産が続けられ、傑作ターボプロップ旅客機となった。高翼にエンジンを装備したスタイルは、次世代のターボプロップ機に引継がれた。

下／YSに比べ、胴体は約六メートルも短いが、低翼の上にエンジンを配置した外形から、よく似ていると言われた。写真はマウントクック航空のホーカーシドレー７４８。

レシプロからターボプロップへ

第二次世界大戦が終結すると、世界の航空会社は、戦前に生産された傑作旅客機ダグラスDC-3や、米軍から払い下げられたC-47輸送機（DC-3の軍用型）を使用して旅客輸送を始めた。

一九五〇年代になるとDC-3の代替機として、全与圧式双発旅客機マーチン404とコンベア240が相次いで開発された。マーチン404は、与圧キャビンをもつ四四人乗りの旅客機で一九五〇年に初飛行した。当時北米で最大手のイースタン航空が六〇機、TWAトランスワールド航空が四〇機を購入した。コンベア240は一九四七年三月一六日に初飛行、四〇人乗りの旅客機で三四〇機が製造された。さらにコンベア240の胴体を一・四メートル伸ばし、エンジンを換装した四四人乗りのコンベア340が、一九五一年一〇月五日に初飛行、初号機が一九五二年三月にブラニフ航空に引き渡され二〇五機が生産された。全日空が導入したコンベア440メトロポリタン（五二人乗り）は、一九五八年までに一七一機が製造された。一九五〇年代中頃には、大型の四発ピストン旅客機ダグラスDC-6、DC-7、ロッキード・コンステレーションが開発された。大手航空会社はこれらの大型機を導入、米大陸横断線や国際線に就航させた。一九六〇年代に入ると、近距離路線を運航していたDC-3やコンベア等の代替機に、オランダのフォッカー社はF27フレンドシップ、英国のホーカーシドレー社はHS748と、ターボプロップ機を開発し、世界のローカル航空会社に売り込みを始めた。

民間航空再開

戦後、日本の民間航空が再開されたのは、一九五一年のことであった。八月に日本航空が設立され、一〇月二五日からノースウエスト航空よりウエットリース（乗員付きのリース）した五機のマーチン404と、一機のダグラスDC‐4により旅客輸送を始めた。翌一九五二年一〇月、DC‐4（六七席）を購入し自主運航を開始。同年、日本航空が運航した旅客数は一〇万二九五五人、一九五三年には約二倍の二一万一五二八人となった。一九五四年二月二日には、東京―サンフランシスコの国際線にDC‐6Bが就航した。

国内線は、一九五四年に日東航空がグラマン・マラード水陸両用飛行艇で大阪―白浜線を開設、北日本航空は一九五五年五月に米国のステート・エアラインズからDC‐3を購入し運航を始めた。日本ヘリコプター輸送は一九五七年一二月に全日本空輸となり、極東航空と合併、DC‐3を購入して運航を開始したが、さらに機材の近代化のために、二機のコンベア440メトロポリタンを導入した。コンベア440の高速性能と快適性は人気を集め、全日空の業績を向上させた。さらに全日空は、一九六〇年に四発ターボプロップ機ビーカス・バイカウント828と、双発ターボプロップ機フォッカーF27Mk200を発注し、一九六一年から就航させた。

一九六〇年代初めの国内航空会社は日本航空、全日空、北日本航空の他に東亜航空、富士航空、藤田航空、日東航空などが定期便を運航していた。一九六二年には、日本航空がDC‐6B、北日本航空、東亜航空、富士航空がコンベア240を購入した。

世界最大の双発ターボプロップ旅客機登場

一九五六年頃から、新明和工業が運輸省の補助金でローカル線用輸送機の基礎調査を行っていた。一九五七年五月に財団法人輸送機設計研究協会（輸研）が設立、理事長に新三菱重工副社長の荘田泰蔵氏が選任され基礎研究が始まった。基礎研究を担当したのは、日本を代表する設計者、木村秀政氏、堀越二郎氏、土井武夫氏、菊原静男氏、太田稔氏であった。一九五八年一二月にはモックアップ（実物大模型）が公開された。一九五九年六月一日、特殊法人日本航空機製造株式会社（日航製）が設立され、初代社長に荘田泰蔵氏が就任、新三菱重工業の東條輝雄氏を技術部長に迎え、YSの設計が始まった。初年度予算は三億円、補助金は六〇〇〇万円。一九六一年になると試作一号機の部品製作が開始され、主翼を川崎重工業、尾翼を富士重工業、補助翼及びフラップを日本飛行機、胴体を新三菱重工業と新明和工業、降着装置を住友精密が担当することになった。

新三菱重工業のある小牧空港では、日本で初飛行したばかりのロッキードF-104Jスターファイター超音速戦闘機が、震え立つような金属音を響かせ、大空を飛翔していた。そして一九六二年七月一一日、国産旅客機YS-11がエプロンに姿を現した。日本人の手で設計され、日本人の手で造られた国産旅客機のデビューである。長さ二六・三メートル、幅三二・〇メートル、高さ八・九九メートル、スマートなエンジンナセルの先端には直径四・四二メートルの大きなプロペラが装備されていた。YSは一ヶ月にわたって電子機能検査、平衡試験、燃料試験、プロペラ機能検査、VHF検査を行った。八月一四日、初めてエンジンに点火され、ロールスロイス・ダートの甲高いターボプロップ音が夏空に響き渡った。二五日から滑走路での地上滑走やブレーキテストを始め、初飛行に向けての準備が着々と進められた。

純白のボディーにスカイブルーのストライプと「YS-11PROP-JET」の文字、垂直尾翼上部には小さな日本航空機製造のNAMCマーク。エンジンを包むマウントにはロールス・ロイスのマークが描かれていた。八月三〇日午前七時二一分、小牧空港の滑走路を四〇〇メートルほど滑走し、YSはふわりと舞い上がった。操縦桿を握ったのは、日航製の飛行整備部飛行課課長近藤計三操縦士と長谷川栄三副操縦士。初飛行は気流の安定とタービンエンジンの出力を考え気温の低い早朝となった。飛行制限高度は一万フィート（約三千メートル）、速度は二〇〇ノット（時速約三七〇キロ）までとし、

■YSのプロペラ直径は四・四二メートルもあり、離陸時には推力の増大、着陸時には大きな抵抗となり、充分な減速効果をもたらした。

YS-11プロトタイプ

国産旅客機YSのプロトタイプ（原型）一号機は、成田国際空港に隣接する航空科学博物館で永久保存されている。ファイナル・フライトは大阪から成田への飛行だった。初飛行から二〇年後の一九八二年（昭和五七年）七月二八日、三年間も飛べずにいたYSのダート・ターボプロップが「キィーン」と音を発し動き出した。生き物のように方向舵や昇降舵が動く。午後一二時〇八分に大阪伊丹空港を離陸、知多半島南端の河和、浜松、大島を経て一三時三七分に成田国際空港に着陸した。一号機は初飛行以来、一度も旅客を乗せて飛ぶことなく二〇年の飛行機としての生涯を終えた。その四〇〇〇余りの飛行時間は過酷な試験飛行の連続だった。三年ぶりのフライトが一時間二九分のラストフライトだった。

上／名古屋空港に着陸する試作一号機。ラバーブーツを装備している。

下／試作二号機。試験飛行後は聖火輸送、エアラインへのリース機材として活躍後、日本航空機輸送が購入、日本列島の石油や鉱物資源を空から探査するための調査飛行を行った。トランスエアの美しいカラーリングで使用され、後尾にMAD（磁気探知器）、胴体の下には金属製懸吊装置と地質調査探知器を装備した。日本航空機輸送は、YSのフェリー輸送や海外デモで活躍した菊池静雄氏が社長を務めた。菊池氏は一九七七年六月に日本エアサービス社を設立、中古となったYSの販売、サポートを続けている。

伊勢湾上空で試験飛行が行われた。ＹＳは各種の旋回飛行、舵の操舵力、トルクの効き、フラップ半開程度の失速テスト、振動の発生状況、エンジンのパワーコントロールなどを確認し、五六分間の初飛行を終え八時一七分に無事着陸した。

過酷な試験飛行を越えて

初飛行後の一〇月一日、全日空は二〇機の予備契約に調印し量産が開始された。一二月二八日に試作二号機（ＪＡ８６１２）が初飛行、試作機二機による本格的な飛行試験が始まった。試作機の機内には、各種飛行試験用の計測機器や、重心位置を変えるための長さ五メートルの水タンクが四個搭載されていた。二機の試作機は不具合箇所を改修しながら飛び続けたが、さまざまな問題が発生、日航製の技術陣は試行錯誤を重ねながらの作業に追われた。

試作機は空力特性が悪く、振動と騒音が発生し、飛行性能に重大な影響を及ぼすことになった。飛行機は三舵と呼ばれる方向舵（ラダー）、昇降舵（エレベーター）、補助翼（エルロン）を操縦桿で動かし姿勢をコントロールするのだが、これらの動翼が重く、また横方向の安定性も不足していた。そして、その空力的欠陥を、状況調査のため来日した米連邦航空局（ＦＡＡ）飛行審査官マイヤースバーグ国際部長から指摘され、大改修に着手した。機体の横安定性を向上させるため、主翼の上半角を四・一九度から六・一九度に二度増やし、方向舵と補助翼のバランスタブを、効きの良いスプリングタブに変更した。また、ステアリングの効きを良くするため、主脚を後方へ傾斜させ車輪の位置を後退させた。大改修によりＹＳの飛行性能は改善され、運輸省が定めた航空法に基づき、数千項目に及ぶ耐空性基準と、審査要領を満たすための過酷な飛行試験が続けられた。そして、一九六四年五月末に来日した米連邦航空局審査官Ｒ・Ｅ・ピーターソン氏による飛行試験の結果、ＦＡＡの基準に満足するとのコメントを得ることができた。

一九六四年八月に運輸省（現・国土交通省）航空局から型式証明*を取得し、航空機として正式に認められた。運航費の安い双発機ながら、六〇人の乗客を運ぶことのできる旅客機の誕生であった。海外でも六〇人を乗せる双発機は開発されたが、成功した例はなく四発エンジンを装備していた。型式証明までの一号機の総飛行時間は五四〇時間、二号機は四六〇時間で合計一〇〇〇時間となった。

一九六二年七月から一九六五年四月にかけて、強度試験機によるテストが実施された。世界でも例のない二〇万回を超える疲労試験が行われ、主翼は一八万九〇〇〇時間、胴体は二二万五〇〇〇時間となった。試験の結果、主翼は六万四〇〇〇時間、胴体は九万時間までまったく無傷であり、その後、ひび割れは発生したが、その成長速度は遅かったという。一般的には航空機の飛行強度は二倍から四倍というが、三万飛行時間を目標に設計されたYSは、目標をはるかに超える設計強度を立証した。

YSの量産初号機は、運輸省航空局に一九六五年三月三〇日、航空会社へは四月から引き渡しが始まった。そしてYSは、北海道から奄美の島々まで飛ぶようになったが、運航が増えてくると数々のトラブルが発生した。八月一九日には東亜航空の五号機が飛行試験中、広島空港に着陸しようとしたところ、左主脚に異状を示すランプが点滅した。上空で脚出操作を再度試み、無事着陸することができた。さらに全日空の一三号機の右主脚が上がらなくなり、日航製で主脚開閉扉を調べたところ設計ミスが判明し、改良されることになった。また、外板のつなぎ目シールの不十分さから雨水が機内にしみ込み、多量の水が溜まることも多く、電気系統が不良を起こすなどトラブルが絶えなかった。トラブル続きのYSを運航する整備スタッフと日航製は、徹夜の改修作業に追われた。量産機100型は不具合箇所を改修、そして改造が施されて輸送機から旅客機として変貌していった。

無名の日本航空機製造が、初めて開発した旅客機を海外の航空会社にセールスするには、実機を実際に見せなければ商談は成立するものではなかった。そのためデモフライトを行うことになった。


*—型式証明は航空機の構造、強度、性能が耐空性基準に合格したことを、証明するものである。

ピードモント航空の大量発注と海外のデモフライトにより、世界の航空会社から注文が続いた。一九六七年末の生産ラインは月産一・五機から二機になった。

一九六八年頃には、国内で運航されていたYSの初期トラブルもほぼ解消し、信頼性の高い旅客機へとなりつつあった。一機あたりの飛行時間は月間三〇〇時間を超え、定時出発率平均九九％と安定した数字を示した。

日本航空機製造が設立されてから一〇年後の一九六九年、YSは七カ国一五社に引き渡された。一九六八年末には確定受注が一〇〇機を超え、一年間だけで五〇機以上も受注した。最終組立作業が行なわれていた三菱重工業小牧工場では月産三・五機に生産を上げた。生産ラインにはカラフルに彩られた海外向けのYSが並び、契約してから一年後の引き渡しとなるほどであった。

突然の終止符

一九七〇年代の日本は、GNP自由世界第三位という急成長を遂げ、国内の航空需要は増大し、航空会社は業績を回復し成長期を迎えた。YSも世界各国のエアラインから注文を集め、日航製は次期国産ジェット旅客機YS‐33の開発に着手した。また、YSのファンジェット（YS‐11J）、双発エンジンを四発化した短距離離着陸機（YS‐11S）も発表された。しかし、日航製の赤字問題がクローズアップされ、政府主導のYSプロジェクトは突然、終止符を打たれてしまった。一九七一年一二月二八日の国会で、YSの生産中止と日航製の解散が決まった。

YS-11デモフライト

●北米デモ（1966.9.15〜10.13）
米国内サンフランシスコ、デンバー、セントルイス、ワシントンD・C、マイアミ
●南米デモ（1967.1.25〜3.15）
ペルー、アルゼンチン、チリ、ブラジル
●中米デモ（1967.10.11〜10.12）
ベネズエラ
●カナダデモ（1967.12.2〜12.12）
カナダ国内
●ヨーロッパ・中近東・東南アジアデモ（1968.8.27〜10.28）
英国、西ドイツ、スペイン、スウェーデン、イタリア、ユーゴスラビア、ギリシア、サウジアラビア、パキスタン、ネパール、ビルマ（現・ミャンマー）、タイ、マレーシア
●メキシコデモ（1969.2.27〜3.1）
メキシコ
●西アフリカデモ（1969.12.3〜1970.2.14）
モロッコ、セネガル、カメルーン、ガボン、ザイール、中央アフリカ、ザンビア
●シンガポールデモ（1970.1.18〜1.22）
シンガポール
●東アフリカデモ（1970.6.20〜7.9）
エジプト、ケニア、スーダン、南アフリカ
●南ベトナムデモ（1970.7.28〜8.3）
サイゴン

最後の量産機となった一八二号機は、海上自衛隊へ一九七三年五月一一日に引き渡された。一九六五年三月三〇日に量産一号機が航空局に引き渡されて以来、一〇年間で試作機を含め一八二機で生産ラインは閉ざされた。販売を完了した一九七二年末には、官需を除く民間からの受注は一四五機であった。当時、ライバル機のホーカーシドレー748は一一八機を販売していたので、YSはフレンドシップに次ぐ世界第二位の生産数であった。もちろん、ホーカーシドレーとフレンドシップの生産は続けられた。

日本航空機製造は、一九七二年度をもってYS-11の生産を終了し、その後はエアラインを支援するプロダクト・サポートを業務とした。そして、一〇年後の一九八二年九月に解散した。

YSシリーズ

一九六二年八月三〇日に初飛行したYSは、プロトタイプ二機の試験飛行により、一九六四年八月に型式証明が交付された。また、米連邦航空局の型式証明も一九六五年九月に交付された。

量産一号機（二〇〇三号機）から四九号機（二〇四九号機）までのシリーズが、YS-11-100型である。〇号機からは、乗降口がステアウェイと連動するスライド式ドアに改良された。四〇号機から、主翼前縁などに着氷した氷を取り除く防氷装置を、温風で取り除くヒーター式からラバーブーツ方式に変更した。ラバーブーツ式は空気をブーツに送り、膨らませて除去するシステムである。そのため、主翼と尾翼及び垂直尾翼の前縁部分に黒いラバーブーツが装備された。100型は旅客機型が三七機量産された。海外にはフィリピナス・オリエント航空に四機、ピードモント航空に二機、大韓航空に三機の九機が輸出され、リース契約でランサ航空に四機、ハワイアン航空に三機、ブラジルのクルゼイロ航空に四機、アルゼンチン航空に二機が引き渡された。国内では全日空に九機、東亜航空に七機、日本国内航空に一二機の二八機が引き渡された。また100型をベースにして運輸省航空局の飛行検査機三機、航空大学校訓練機二機、航空自衛隊の人員輸送機四機、海上自衛隊の貨物輸送機二機の特殊機が製造された。

五〇号機からYS-11A型となり、旅客型（200型）、貨客混載型（300型）、全貨物型（400型）、200型のペイロードを増加した500型、300型のペイロードを増加した600型が開発された。A型はロールスロイス・ダート10エンジンの高圧タービンブレードの耐熱性向上と、プロペラの減速歯車の強化などにより出力が一〇％近く増加し、ペイロードを一トン増やした。そのため、各部を補強し多くの設計変更が行われた。非常時における脚下げを考慮し、主脚ドア内面を平滑にし、また脚下げ時の速度を一六〇ノット（時速約二九六キロ）から二一〇ノット（時速約三八九キロ）に引き上げ、急速降下時には脚をエアブレーキとしても使用できるようにした。キャビンは新型座席を採用、座面のクッションは非常着水時の浮き具として使用できるものとなり、前後間隔を三四インチ（約八六センチ）から三一インチ（約七九センチ）間隔に改め六四席とした。七〇号機から、内装がこれまでのレザー張りからプラスティック製となり、窓のカーテンはシャッター式ブラインドに変更され、ジェット旅客機並みの内装になった。七五号機からは、ピードモント航空と同様に乗降口の高さを一・六メートルから一・七五メートルに拡大した。エンジンは七八号機からダート10Mk542-10Jを採用、タービンブレード材質の変更により、高温での連続最大出力が四％増加された。さらに九二号機から減速歯車が補強され、耐久性が向上したダート10Mk542-10Kが搭載された。オプション装備として七〇号機以降には、補助動力装置（APU）を取り付けることができるようになった。APUは地上での空調、発電、油圧供給、エンジン始動が地上の設備なしに運航を可能とした装置である。YSシリーズのなかでは200型が九五機と最も多く生産され、ピードモント航空二〇機、クルゼイロ航空八機、ヴァスプ航空六機、オリンピック航空六機、ボーラック・インドネシア航空一機、

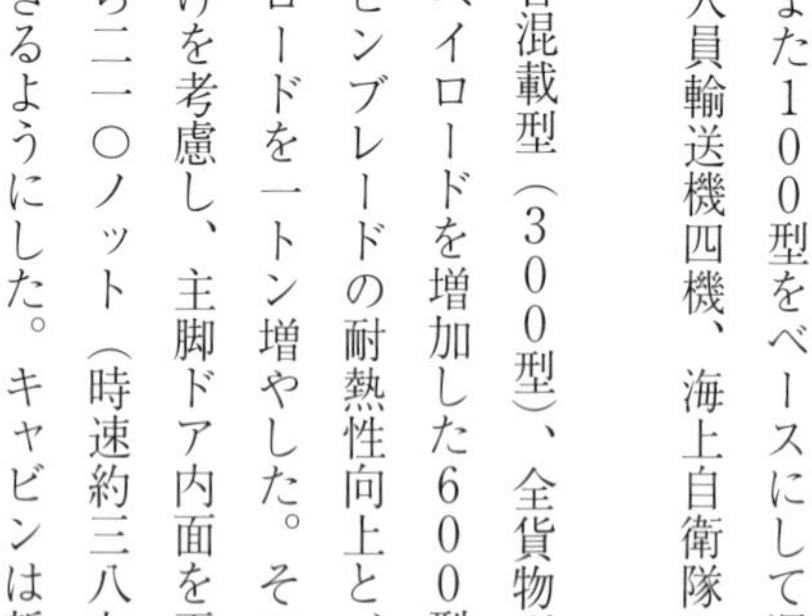

乗降口に自動式内蔵タラップ（エアステア）が取り付けられ、機首に外部電源が接続されている。補助動力装置（APU）を装備すれば、地上支援設備のない空港でも運航が可能だ。海外に輸出された多くのYSがAPUを装備した。

中華航空二機、全日空二九機、南西航空五機、東亜国内航空一一機、海上保安庁二機、海上自衛隊の機上作業訓練機四機、航空自衛隊の飛行点検機一機が引き渡された。

　ピードモント航空仕様の２０５型はさらに大改造が施され、運用自重は標準型に比べ約一トン増えた。電子装備のオートパイロットを新型のスペリー製に替え、フライト・ダイレクターシステム、エアデータ・コンピューター、電波高度計を追加装備しカテゴリーⅡ着陸のＳＴＣ（追加型式証明）を米連邦航空局から取得した。計器の変更やインバーターの増設、右側のプロペラにもプロペラ・ブレーキを装備した。前脚のステアリング角度を五〇度から六〇度に増し、床下貨物室も後方へ〇・六メートル拡大した。地上支援設備を必要としない補助動力装置（ＡＰＵ）も装備した。キャビン内部は米国航空会社に対するＦＡＲ１２１基準に合わせ、前方乗降口を非常時に使用できるように客室乗務員席を前方に設けた。ギャレー装備を米国式、トイレをジェット式の水洗とし、洗面器にはお湯も出るようにした。前方にはコートルームも付けられた。

　２００型のペイロードを〇・五トン増加したのが５００型で、２００型の搭載エンジンを５４２-10Ｊから10Ｋに換装、最大離陸重量を増加し運用能力を向上させた。５００型はピードモント航空一機、オリンピック航空二機、フィリピン航空局飛行検査機一機の四機のみが生産されたが、現在運用中の２００型の多くは５００型に改造されている。

　ＹＳ-11Ａ-３００型は機内前方を貨物室、後方を客室とした貨客混載型（コンバーチブル）で、自動式内蔵タラップ（エアステア）を装備した乗降口を後方に移動し、前方左側に二・四八×一・八三メートルの油圧式カーゴドアを設け、大型貨物の積載を可能にした。カーゴドアは自衛隊向けのＹＳ-11Ｍ／ＭＡ型とＣ型（４００型）貨物機と同じだが、プロペラ面を避けるため、幅を三・〇五から二・四八メートルにした。キャビンは隔壁を移動することにより、三〇席、三八席、四六席の混載型、または五八～六二席の全旅客型に転換できる。後方の床の強度は２００型と同じだが、前方の床は補

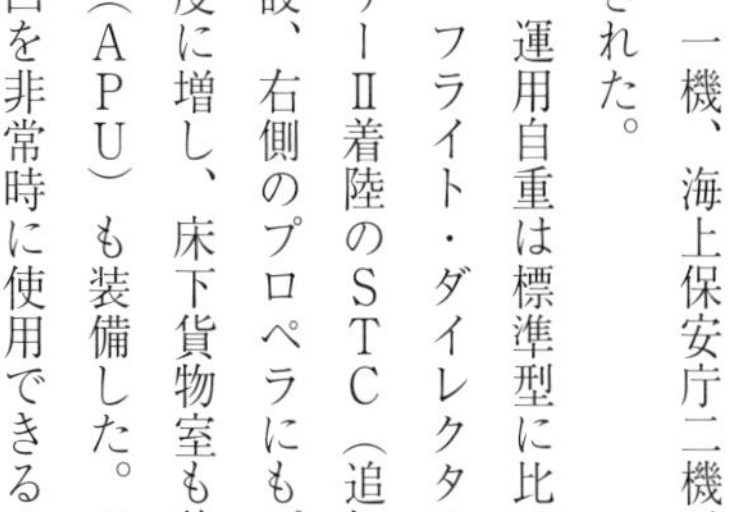

40号機から防氷装置がヒーター式からラバーブーツ式となり、主翼と尾翼の前縁が黒くなった。昇降舵の後端にある小さな翼がバランスタブ。

強されている。300型は大韓航空四機、トランスエア二機、オーストラル航空三機、エア・アフリク二機、日本国内航空一機、東亜航空一機、ガボン政府一機、航空自衛隊の人員貨物輸送機一機、海上自衛隊の貨物輸送機一機の一六機が引き渡された。

300型のペイロードを〇・五トン増加したのが600型で、300型の搭載エンジンを542-10Jから10Kに換装、最大離陸重量を増加し運用能力を向上した。600型はインドネシアのペリタ・エアサービス二機、ボーラック・インドネシア航空二機、リーブ・アリューシャン航空二機、ソシエテ・ジェネラル・アリマンタシオン社一機、ガボン政府一機、海上自衛隊機上作業練習機二機の九機が生産されたが、現在運用中の300型の多くは600型に改造されている。

全貨物型がYS-11A-400型である。民間からの注文はなかったが、航空自衛隊の貨物輸送機七機と、海上自衛隊の貨物輸送機一機の八機が生産された。胴体後部左側に三・〇五×一・八三メートルのカーゴドアを装備し床の強度が強化された。

一九七二年七月には、出力を向上させたYS-11R型が開発され型式証明を取得した。これまで生産されたYSの搭載エンジンを、さらに能力を向上したMk543型に改造できるようになった。高気温や高地空港で運航する時の片発上昇性能が向上、離陸重量の制限が緩和された。

海外セールスのために制作された大型カタログ。ピードモント、クルゼイロなどのカラー写真と英文の解説で構成された。巻末の赤富士を飛ぶYSのシルエットが印象的だ。

もうひとつのYSプロジェクト

YSシリーズの発展機となる二つのプロジェクトが、一九七〇年に日航製で計画された。YSのエンジンをターボファンに換装し、ジェット化するYS‐11J。そして、短距離離着陸機YS‐11Sである。

YS‐11Jファンジェットは、YSのエンジンをロールスロイス／スネクマM45Hに換装、後退角のある垂直尾翼に改造し、最新のシステムを装備した七二座席のターボファン・ジェットだ。全長二九・五メートル、全副三二・〇メートル、全高八・五メートル、エンジンを主翼の上に配置する特異な外形となった。高度二万五〇〇〇フィート（約七六二〇メートル）、最大巡航速度六五〇キロ、航続距離二一〇〇キロの高性能をめざしたリージョナル・ジェットであった。

一九七〇年九月、アメリカン航空は、ボストン―ニューヨーク―ワシントンを結ぶ近距離路線や、空港と都心部の小空港を運航する短距離離着陸（STOL）機を、一九七四年までに導入するため、国際入札を行うと発表した。内容は四八席以上のコミュータ機で、開発費のかからないもの、そして、三〇機から二〇〇機を購入するという。候補に選ばれた航空メーカーは、ホーカーシドレー、コンベア、デハビランド・カナダ（現・ボンバルディア）、マクドネル・ダグラス（ブレゲーとの共同）、そして、日本航空機製造である。

日航製では、YSに四基のエンジンを搭載し、尾翼を大幅に改造したYS‐11Sを提案した。全長二八・八メートル、全副二九メートル、全高七・三メートル、滑走距離六〇〇メートル、航続距離九〇〇キロとした。

YSシリーズの発展機は、YS‐33と共に開発されることはなかったが、YSに続く国産旅客機の図面が描かれていたのである。

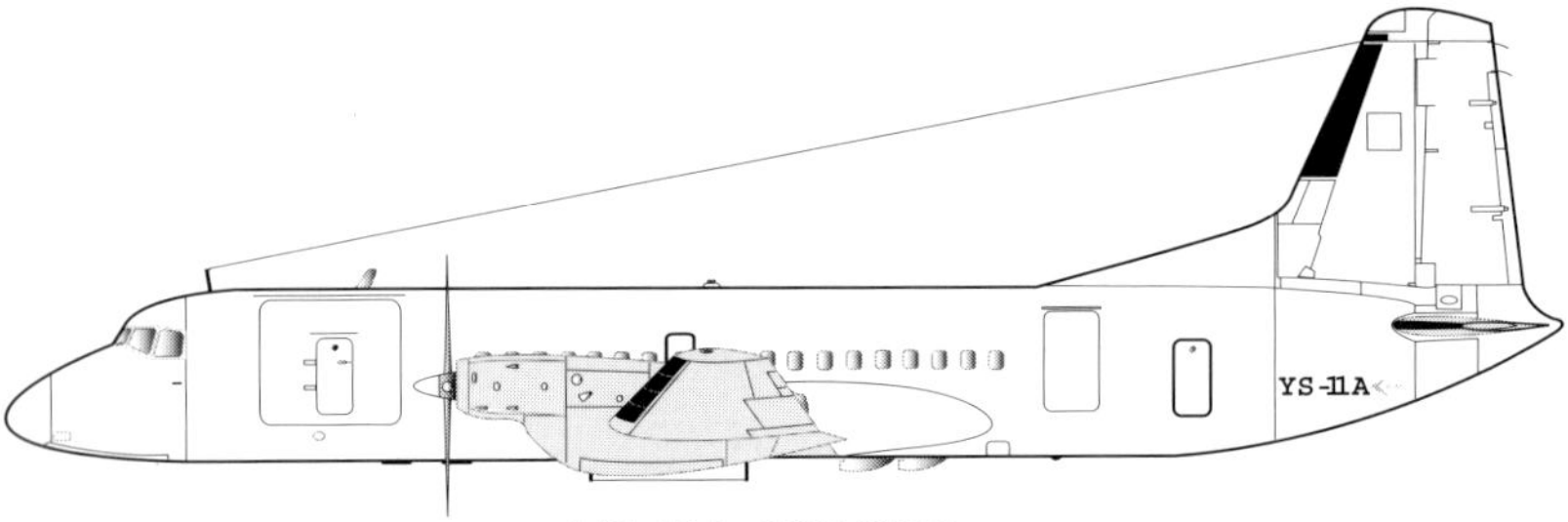

YS-11A-300/600

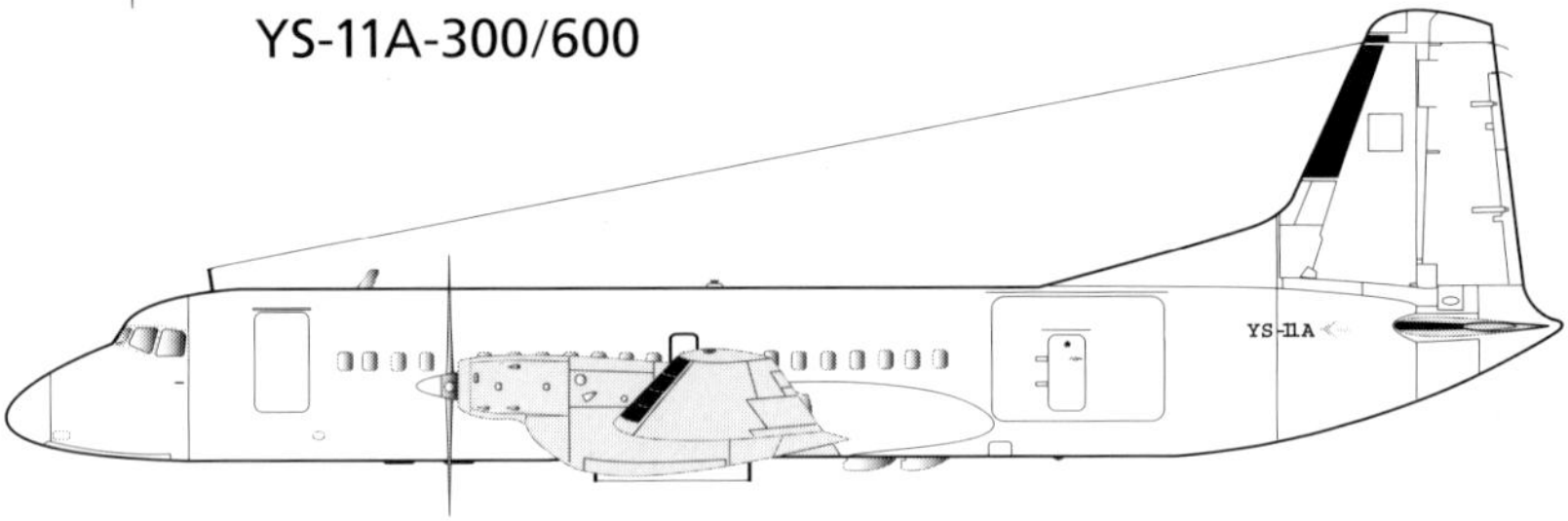

YS-11A-400

YS-11A-400	YS-11A-500	YS-11A-600	型式・名称
貨物型	標準旅客型	貨客混載型	仕様
26.30×32.00×8.98m	26.30×32.00×8.98m	26.30×32.00×8.98m	全長×全幅×全高
14,835kg	15,462kg	15,869kg	運航自重
7,165kg	7,038kg	6,631kg	最大搭載量
24,500kg	25,000kg	25,000kg	最大離陸重量
24,000kg	24,500kg	24,500kg	最大着陸重量
Mk.542-10/K/J	Mk.542-10/K/J	Mk.542-10/K/J	発動機
255ノット（時速472km）	254ノット（時速470km）	254ノット（時速470km）	最大巡航速度/高度3,050m
20,000フィート（6,100m）	20,000フィート（6,100m）	20,000フィート（6,100m）	運用高度限界
510nm（945km）	640nm（1.185km）	640nm（1.185km）	航続距離
1,230nm（2,278km）	1,210nm（2.240km）	1,210nm（2.240km）	航続距離（バグタンク付）
970m	1,310m	1,310m	離陸滑走路長
1,100m	1,110m	1,110m	着陸滑走路長
2〜3	2〜3／60〜64	2〜3／46〜62	乗員数／乗客数
2124, 2125, 2150, 2151, 2160-2162, 2174	2122, 2153, 2156, 2179	2104, 2140, 2169-2173, 2180, 2181	生産機
8機	4機	9機	生産機数

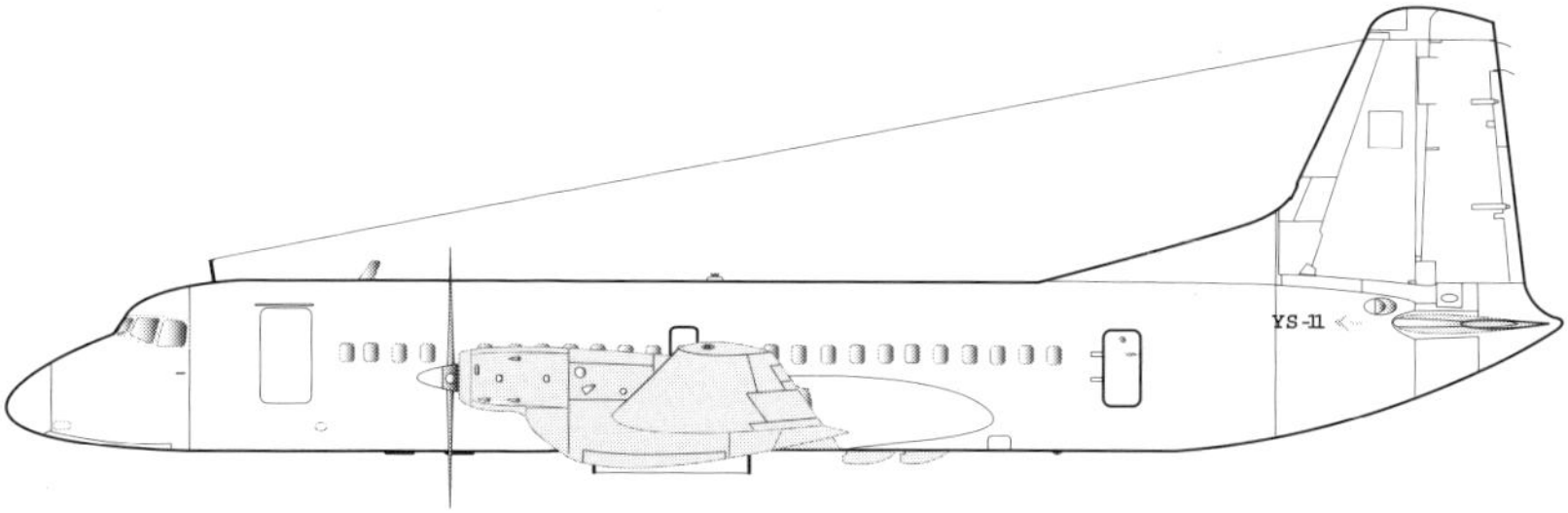

YS-11-100

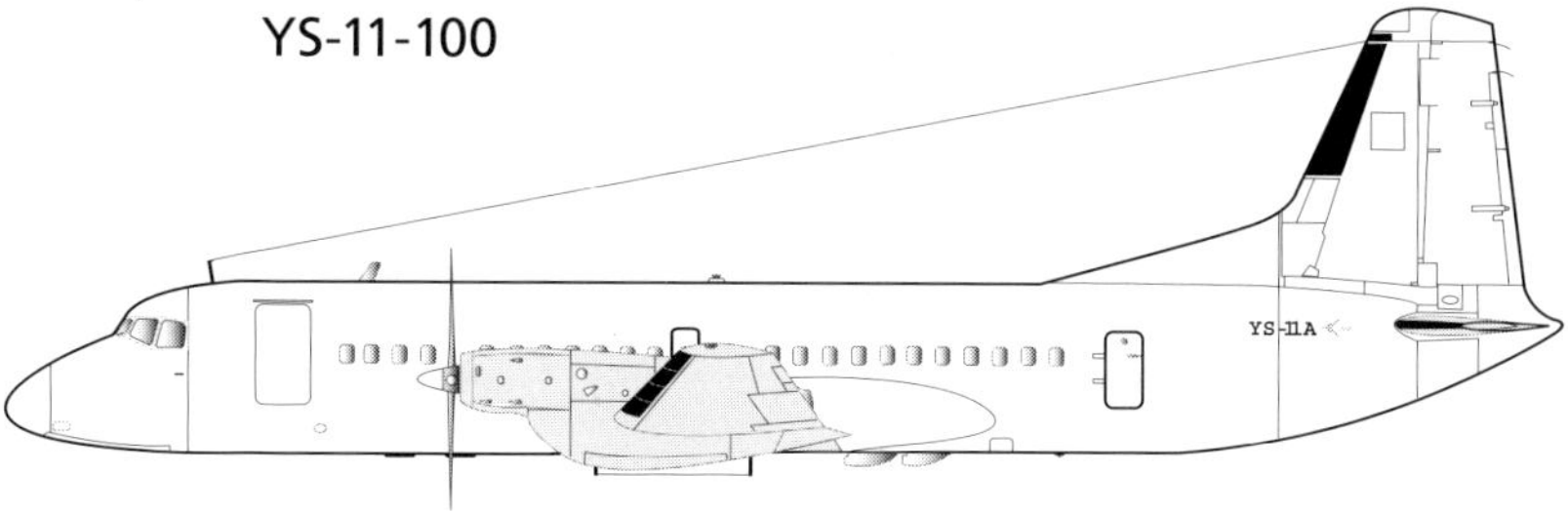

YS-11A-200/500

型式・名称	YS-11-100	YS-11A-200	YS-11A-300
仕様	標準旅客型	標準旅客型	貨客混載型
全長×全幅×全高	26.30×32.00×8.99m	26.30×32.00×8.98m	26.30×32.00×8.98m
運航自重	15,055kg	15,462kg	15,869kg
最大搭載量	5,635kg	6,538kg	6,131kg
最大離陸重量	23,500kg	24,500kg	24,500kg
最大着陸重量	22,500kg	24,000kg	24,000kg
発動機	Mk.542-10	Mk.542-10/K/J	Mk.542-10/K/J
最大巡航速度/高度3,050m	258ノット（時速478km）	255ノット（時速472km）	255ノット（時速472km）
運用高度限界	20,000フィート（6,100m）	20,000フィート（6,100m）	20,000フィート（6,100m）
航続距離	410nm（760km）	510nm（945km）	510nm（945km）
航続距離（バグタンク付）	1,250nm（2,315km）	1,230nm（2,278km）	1,230nm（2,278km）
離陸滑走路長	970m	970m	970m
着陸滑走路長	1,070m	1,100m	1,100m
乗員数／乗客数	2～3／60～64	2～3／60～64	2～3／46～62
生産機	2003-2049, 2058	2050-2057, 2059-2069, 2075-2085, 2090-2103, 2108-2121, 2123, 2126, 2127, 2130-2138, 2141-2149, 2152, 2154, 2155, 2157-2159, 2163-2168, 2175-2178	2070-2074, 2086-2089, 2105-2107, 2128, 2129, 2139, 2182
生産機数	48機	95機	16機

第V章
YS-11プロジェクトは成功したか

ＹＳプロジェクトは、ＹＳ－33の開発が中止されたため日航製と共に消滅した。レシプロからターボプロップを経て、ジェットの時代になっても、プロペラ機は経済性の高い航空機として活躍している。二〇〇三年二月、ＹＳの後継機として、日本の空にデビューしたボンバルディア・ダッシュ８Ｑ４００は、高空をジェット並みのスピードで飛ぶ新世代のターボプロップ機である。環境に優しく、経済性の高いプロペラ機は、決して時代遅れの乗り物ではない。

日本航空機製造消滅

小牧にあるYSの生産ラインが、海外からの受注で活況を呈している頃、日本航空機製造（日航製）の経営は行き詰まっていた。資本金五五億円は、原型機の開発資金に全額投資され、量産資金は民間からの借入金で賄っていた。一九六七年、政府から一一億、民間から一一億の計二二億円が増資され、日航製の資本は七八億円となった。生産機数を増やし、量産効果によるコストダウンを図るはずだったが、製造コストの上昇と、売上代金の長期延べ払いの増加などから採算が悪化していた。累積赤字が増えるとともに、当初の見積もりより官民の資金調達比率の機体メーカー負担が増え、日航製を支えきれなくなった。そして、累積赤字は三六〇億円となった。資本金は開発資金で消え、民間からの量産資金借り入れによる利息払いで経営を圧迫、企業として存続することが困難な状況であった。

政府通産省主導の巨大プロジェクトは、累積赤字問題だけがクローズアップされ、国会でYSプロジェクトの終止符が打たれてしまった。一九八一年（昭和五六年）一二月二八日、「日本航空機製造株式会社については、今後の航空機開発体制の整備に配慮しつつ、昭和五七年度末までに業務の民間移管を完了し解散する」という閣議了解がなされた。そして、日航製に対し航空機工業振興法第二六条に基づく解散決議の通産大臣認可があった。日航製は、プロダクトサポート業務を三菱重工業へ移管し、一九八三年（昭和五八年）三月二三日に消滅した。

YSは収益を上げるのが難しいといわれる短距離路線用に開発されたため、オーソドックスな設計となった。初期生産型の装備は欧米のライバル機に比べ劣っていたが、数々の改良が施され近代旅客機として姿を変えていった。プロダクトサポートの認識もなかったため準備は立ち後れたが、生産が軌道に乗る頃には、メーカーとしての体制が整った。日本航空機製造のスタッフは、無名の国産旅客機を販売するために世界中を駆け巡り、世界のエアラインへ売り込んだ。そして、ＹＳのユーザーの多くは、トップクラスのエアラインに成長を遂げている。

全日空とエアーニッポン、南西航空はＹＳの後継機にボーイング７３７-２００型、日本エアシステムはＭＤ-87を採用しローカル空港に就航させた。ジェット機の導入により、キャパシティとスピードアップは大きく向上したが、需要の少ない路線は便数の削減や路線廃止となったところもある。効率よくサービスするには、スピードよりも運航の頻度であろう。全日空はエアーニッポンに、日本エアシステムは日本エアコミューターにＹＳ路線を移管しサービスに努めた。

日本航空機製造では、ＹＳの後継機種ＹＳ-33の開発を始めていたが、航空機工業審議会で大きさが需要に合わないと決まり、開発は中止された。ＹＳ-33は一三〇人の乗客を乗せ、一二〇〇メートルの滑走路で発着ができるジェット旅客機だった。ＹＳ-33が誕生していれば、ＹＳを使用した多くのエアラインはＹＳ-33を採用したに違いない。

日本航空機製造では、ＹＳに続いて航空自衛隊の戦術輸送機Ｃ-１を設計した。Ｃ-１は、エンジンにボーイング７３７やＤＣ-９が搭載したＪＴ８Ｄターボファンを採用した。ＹＳ-33の開発が存続されていれば、ＹＳプロジェクトから得た貴重な技術や、プロダクトサポート、海外セールスが生かされたことだろう。

日本航空機製造が解散してから、次期民間輸送機のＹＸ計画は日本航空機開発協会（ＪＡＤＣ）に引き継がれたが頓挫《とんざ》した。さらに、財団法人民間輸送機開発協会が発足し、ＹＸはボーイング社との共同開発でボーイング７６７となった。一九八九年には、七〇席クラスのＹＳＸが計画されたが、海外のメーカーと競合などの兼ね合いから中断された。一九九四年にはボーイング７３７-５００型をベースにした一三〇席クラスの中距離機を開発し、二〇〇〇年の商業化を目指したが、ボーイング社は新世代のボーイング７３７シリーズを開発したため、ＹＳＸ計画は中止された。

航空自衛隊の戦術輸送機Ｃ-１。高翼と太くて短い胴体が特徴の双発ターボファン機。日本航空機製造が設計、川崎重工業が開発と生産を担当し、31機が造られた。

あれから国産旅客機の初飛行を見ることはできない。次期民間輸送機のプロジェクトは「幻の翼」となって消えていった。

新世代ターボプロップ機登場

一九七二年に米連邦航空局（ＦＡＡ）が、コミューター機の規制を改正し旅客三〇人、ペイロード三四〇〇キロまで認めるようになった。さらに六〇人までの乗客を乗せられるようになった。

一九八〇年代に入ると、新世代ターボプロップ旅客機が、世界のメーカーで開発されることになった。カナダのデハビランド社（現・ボンバルディア社）は四発ターボプロップ機ダッシュ7短距離離着陸機の後継機に、三〇～四〇席クラスの双発ターボプロップ機ダッシュ8を開発、原型機は一九八三年六月二〇日初飛行に成功し一九八四年九月に就航した。

フランスとイタリアの合弁企業ＡＴＲ社は、五〇人乗りのＡＴＲ42の開発を始め、一九八四年八月一六日初飛行、さらに胴体をストレッチし、七四人乗りのＡＴＲ72を一九八八年にデビューさせた。

日航製のライバルメーカーだったホーカーシドレー社は、ブリティッシュ・エアロスペース社（ＢＡe社、現・ＢＡＥシステムズ）となり、一九八四年に７４８の後継機となる新世代コミューターを開発した。７４８の胴体を延長し、グラス・コクピットを装備した七四人乗りのＡＴＰである。エンジンは二一五〇馬力のプラット&ホイットニー・カナダＰＷ１２４、プロペラは六枚ブレードを装備し、一九八六年八月六日に初飛行した。

オランダのフォッカー社はF27フレンドシップの後継機種として、フレンドシップよりひとまわり大きな五六人乗りのフォッカー50を開発。フォッカー50はグラス・コクピット、ＰＷ１２５エンジンと六枚ブレードのプロペラを装備した。座席はＹＳより八席少ないが、巡航速度と航続性能が向上し

中日本エアラインサービスのフォッカー50。外形はフレンドシップとそっくりだが、大部分のコンポーネントが新設計となっている。

た。名古屋をベースに、国内線を運航している中日本エアラインサービスが導入した。

スウェーデンのサーブ社は三七人乗りのコミューター機、サーブ３４０を一九八三年一月二五日に初飛行させた。サーブ３４０は、高度二万五〇〇〇フィート（約七六二〇メートル）を、巡航速度四六三キロで運航することができる。一九八九年九月には、エンジンの出力を向上させた３４０Ｂが初飛行、一九九四年には性能向上型の３４０Ｂプラスを開発した。日本エアコミューターは３４０Ｂを一一機、北海道エアシステムは３４０Ｂプラスを三機、海上保安庁は３４０Ｂ-ＳＡＲを二機購入した。その後サーブ社は、サーブ３４０Ｂを発展させたサーブ２０００を開発した。サーブ２０００は、ハイパワーのＡＥ２１００（四一五二ｓｈｐ）ターボプロップを搭載し、六枚ブレードのプロペラを装備、五八人の乗客を乗せ、高度三万一〇〇〇フィート（約九四五〇メートル）を、最大巡航速度六八二キロ、経済速度五九五キロで運航する高速性能の優れたコミューター機となった。原型初号機は一九九二年三月二六日に初飛行した。また日本では、国土交通省航空局が二機のサーブ２０００を導入した。しかし、世界のコミューター路線にはリージョナル・ジェット機が就航したため、サーブ２０００の販売は伸びず、サーブ３４０と共に、サーブ社は民間機の生産を中止した。

国内の航空会社はＹＳの後継機として、新世代のターボプロップ機を導入した。日本航空機製造が解散してからＹＳの後継機が開発されなかったため、海外から新しいターボプロップ機を購入せざるを得なかったのである。沖縄の琉球エアーコミューターと熊本県天草の天草エアラインは、ボンバルディア・ダッシュ８-１００、オリエンタルエアブリッジがダッシュ８Ｑ２００、エアーニッポンネットワークがダッシュ８Ｑ３００とＱ４００、日本エアコミューターがダッシュ８Ｑ４００を導入している。新世代のターボプロップ機は、新設計のプロペラを低い回転数で駆動し騒音発生を抑制、エンジンの排気口も主翼上面に配置している。

五〇～七〇席クラスの輸送力を必要とする輸送機の需要は常にある。一九九〇年代には、ボンバル

日本エアコミューターのサーブ３４０Ｂ。高速性能が優れ航続距離が長いため、短距離から長距離路線で活躍する。

ディア社とエンブラエル社がリージョナル・ジェット旅客機を開発し、コミューター航空にジェット化をもたらした。しかし、リージョナル・ジェットの離着陸性能は一五〇〇メートル級の滑走路で運用されるため、一〇〇〇メートル級の滑走路では使用できない。ＹＳが世界各国で長期にわたり使用されたのは、優れた短距離離着陸性能と、六四人も乗れる経済性の高い唯一の旅客機だったからである。現在、国内の離島空港は八〇〇メートルと一二〇〇メートル、そして一五〇〇メートルの滑走路をもつ。八〇〇メートルの空港には、主にアイランダーが就航しているが、最大乗客数はわずか九人である。一二〇〇メートルの滑走路があれば、六四人もの乗客を運ぶＹＳを運航することができた。熊本の天草エアラインでは、天草空港が一〇〇〇メートルの滑走路で造られているため、最大乗客数が三九人乗りのダッシュ8-100型を導入している。五六人乗りのダッシュ８Ｑ３００は、一二〇〇メートルの滑走路を必要としている。日本エアコミューターはＹＳの後継機にＱ４００を選定し、二〇〇三年二月から運用を開始した。

　ＹＳが日本のエアラインから退役する頃、ＹＳに続く次期国産旅客機の開発がスタートした。民間主導で、官民出資で開発されている小型ジェット旅客機だ。開発費五〇〇億円は官民からの出資となり、三菱重工業が開発・販売を行い、国内の航空機メーカーが生産に協力する。三菱重工業は日本航空機製造が解散してから、ＹＳのプロダクトサポートを担当してきた。ＹＳが世界で今なお、第一線機として飛行できるのも、三菱重工業名古屋航空宇宙システム製作所羽田補給所の支援があるからである。旅客機を製造する航空機メーカーは、世界中で運航されている機体が五機以下になるまで、サポートしなければならない。政府は、世界のエアラインにＹＳを販売したものの、量産を打ち切り、日航製を解散させてしまった。ＹＳプロジェクトで唯一、失策したのは、未来を考えずに生産を打ち切ったことであろう。

日本エアコミューターのボンバルディア・ダッシュ８Ｑ４００。ＹＳよりも一〇席も多い七四席、巡航速度も約一・五倍、中距離路線ではジェットに比べても飛行時間の差は少ない。ようやくＹＳの後継機が出現したことになった。

	YS-11A-500	F50	ATP	ATR72-200
全幅	32.00m	29.00m	30.63m	27.05m
全長	26.30m	25.25m	26.01m	21.17m
全高	8.98m	8.32m	7.59m	7.65m
翼面積	94.80m²	70.00m²	78.30m²	61.00m²
運航自重	15,462kg	12,520kg	14,240kg	12,500kg
最大離陸重量	25,000kg	19,950kg	23,000kg	21,500kg
発動機	RR.Dato10Mk.542-10	PW125B	PWA126A	PWA124B
最大巡航速度	時速470km	時速522km	時速493km	時速517km
航続距離	2,240km	2,056km	1,825km	2,223km
乗員数／乗客数	2／64	2／58	2／72	2／64-74
初飛行	1962.8.30	1985.11.28	1986.8.6	1988.10.27
生産数	182	205	65	（生産中）

	Dash8Q300	Dash8Q400	Saab 340B	Saab 2000
全幅	27.43m	32.84m	21.44m	24.76m
全長	25.68m	32.74m	19.73m	27.28m
全高	7.49m	8.34m	6.97m	7.72m
翼面積	56.20m²	63.10m²	41.80m²	55.70m²
運航自重	11,719kg	16,565kg	8,225kg	13,800kg
最大離陸重量	19,505kg	27,306kg	13,154kg	22,800kg
発動機	PW123B	PW150A	GE-CT7-98	GMA2100
最大巡航速度	時速531km	時速648km	時速504km	時速682km
航続距離	1,537km	2,400km	1,734km	1,732km
乗員数／乗客数	2／56	2／74	2／37	2／58
初飛行	1987.5.15	1998.1.31	1983.1.25	1992.3.26
生産数	（生産中）	（生産中）	458	63

一九八〇年代には、新世代のターボプロップ機が開発された。座席数は五〇席から七〇席となり、最新のアビオニックスとハイパワーのエンジンを装備した。飛行性能と快適さは向上したが、経済性と運用能力はＹＳとあまり変わらない。

日本の空からYSが消えるとき

『YS-11シンポジウム』が所沢航空発祥記念館で二〇〇三年四月一九日に開催された。講演会では、YSの開発から運航まで携わった関係者が、熱い思いを語ってくれた。出席者は元日航製開発担当の塩原竹治氏、元日航製営業担当の金子博臣氏、元日本エアシステム整備本部長粂喜代治氏、元全日空機長横山正男氏、そして元航空自衛隊パイロット川崎愿治氏であった。

　国産旅客機YSは、戦後の閉ざされた航空の時代を経て、日本の工業技術を結集し、計算尺を手にした技術者が、膨大な時間とトレシングペーパーを使用して誕生した。「設計者の課題は一グラムでも軽い設計が求められ、なかなか綺麗にえがけなかった」と、塩原氏は当時をふりかえった。また「YSの開発は人づくり、物作り、そして日本の宇宙産業を一兆円産業に育てた」と語った。

　YSがエアラインに引渡されてから、さまざまな問題が発生した。主脚扉は横風の影響で車輪の格納時に引っ掛ることが判明、これはコンベア機を見本にして設計したためで、同型機を運航していた東亜国内航空の整備陣により解決された。また風雨で機体の各所に雨漏りが発生、とくに圧力隔壁の後部には大量の雨水が溜まったという。塩原氏によると「飛行機は飛ばしてみなければ問題はわからず、実機から学び改良するしかなかった」という。

東亜国内航空の前身となる富士航空から、整備を担当してきた粂氏は、導入前から退役するまでYSを見守ってきた一人だ。整備陣にとっても、新鋭機YSに対する期待は大きかった。しかし、YSはみごとにその期待を裏切った。『故障の固まり』で、毎日徹夜で修復作業に取り組んだそうだ。メーカーの日航製でさえも、トラブルの解決方法はなかったという。また機体は国産機だが、多くの部品は外国製であったため、ひとたび故障が起きれば、海外のメーカーに打診しなければならなかった。現在のように、電子メールやファックスもなかった時代だったから、時間もかかり通信費も膨大になった。どうにもならなかった五年の月日が過ぎる頃、YSは輸送機から旅客機へと姿を変えていった。

東亜国内航空は、幹線にジェット機を就航させたが、YSはローカル路線の主力機として活躍を続けた。一九八〇年頃にはYSの増機を決め、世界各地からYSを里帰りさせ四二機を保有した。東亜国内航空は日本エアシステムとなり、一九九六年にYSは退役した。粂氏は「YSは俺が見てきた旅客機であり、技術者冥利だった」という。そして「後継機の開発が実現しなかったことが残念であり、当時の技術者はもう誰も現場にいない」と呟いた。

金子氏は、一九六四年（昭和三九年）一月に日航製に入社し、YSの販売で世界を歩いた。原型機の試験飛行により、さまざまな問題が発生し開発計画も遅れたため、YSのキックオフ・カスタマーだった全日空は、フォッカーF27フレンドシップを導入することにした。日航製としては大きな誤算であり、ようやく長いトンネルから抜けたあとの大きなショックだったという。

無名な日本製旅客機を販売するのに日航製営業部は苦戦した。ユーザーからは多様の要求をつきつけられ、ライバル機との受注合戦は熾烈な闘いとなった。しかも日本政府により支払条件も七年に制限されたため、経済力の弱い海外のローカル航空に購入してもらうには、厳しい状況だった。その頃、米国デモで、YSを候補機に選定したエアラインがあらわれた。米国のピードモント航空であった。ピードモント航空は、混雑の激しいワシントン・ナショナル空港から地方都市へ運航していた。また滑走路の短い山岳部にも就航していた。ピードモント航空の社内報に「ライバル機であったコンベアは、重量制限をしないと、標高の高い短い滑走路に離着できない。ナショナル空港では便数制限があり、乗客収容能力の多い機体が望まれる。ライバル機はCV440の改良機であり、YSはオーソドックスだが、正直な旅客機で品質がとても優れている」と、YSを採用した理由が掲載された。ピードモント航空が日本製のYSを採用したことは、世界のエアラインに衝撃を与えたことだろう。ピードモント航空はさまざまな改良を要求、日航製は苦慮しながらもYS-11A型を完成させた。YSはグローバルな旅客機へと変貌したのであった。金子氏は「YSが世界ブランドになった」と語った。

　YS-11に続いて開発された国産輸送機C-1は、日本航空機製造が設計したものだ。航空自衛隊でYSとC-1の操縦桿を握った川崎氏は、「YSで問題となった不具合は、まったく発生しなかった。C-1は飛行性能の優れた飛行機である」と、また航空自衛隊で使用しているスーパーYSについて、その優れた飛行性能を運航者の立場から詳しく解説した。

　全日空の機長としてYSを操縦した横山氏は、YSの皇室フライトや、イン

ドネシアでの思い出を話してくれた。南国の空で飛んでいたYSの美しい姿が目に浮かぶようだった。

手動式の操縦系統を持つ最後の旅客機として開発されたYSは、二一世紀の空にも羽ばたいている。国産旅客機の開発は日本の航空工業の技術を高め、世界の航空工業を学ぶ機会でもあった。商業的には成功したとは言えなかったが、その功績は日本のエアラインを世界のエアラインに育て、日本の航空工業を世界に誇示した。

YSの設計者のひとり島文雄氏は、海外での営業にも力を発揮され、日航製が解散する最後の日まで尽くした。営業担当の田中昇氏は、デモフライト機に乗って世界中を駆け巡り、その様子を軽快な筆で専門誌に寄稿した。YSのプロダクトサポートが三菱重工業へ移管され、日航製からは、金子氏をはじめ一一名のみが移籍、世界の空を飛ぶYSをサポートした。三菱から日航製に出向し、YSの設計者となった塩原竹治氏は、羽田補給所所長となりYSを見守った。アフリカの国々をまわり、YSの契約を取り付けた矢嶋英敏氏は、平成一〇年六月、島津製作所の取締役社長となり、社員の田中耕一氏がノーベル化学賞を受賞した。

二〇〇四年、世界で運航されているYSは六〇機以上もあるが、旅客機として飛んでいるYSは二〇機余りとなった。フィリピンでも、旅客型のYSが退役するとの話もある。日本のエアラインからYSが姿を消す日は近い。

サブリースし「とかち」と命名。1979年9月30日に芙蓉総合リースが所有し、日本エアシステムを経て、1991年5月まで使用された。1993年6月、トランス・セントラル航空が購入しN4206Vになったが、9月7日にエア・カリビアンへ売却され9Y-TIKとして登録。2004年3月現在、同社にて登録されている。

■2179号機（PI-67）YS-11A-523

1972年10月20日初飛行。フィリピン政府航空局飛行検査機として製造、11月30日に引き渡された。1974年3月、RP-77として変更。1976年9月にフィリピン政府に移管、政府専用機に改修。1992年12月31日、登録抹消となった。

■2180号機（6905）YS-11A-320／624／YS-11T-A

1973年3月15日初飛行。海上自衛隊の機上訓練機T-A型として製造、12月20日、第205教育航空隊へ配備。2004年3月現在、同隊で運用している。

■2181号機（6906）YS-11A-320／624／YS-11T-A

1973年5月15日初飛行。海上自衛隊の機上訓練機T-A型として製造、1974年2月1日、第205教育航空隊へ配備。2004年3月現在、同隊で運用している。

■2182号機（9044）YS-11A-320／625／YS-11M-A

1973年4月11日初飛行。300型で製造され、海上自衛隊向け貨物専用機M-A型として、5月11日に航空集団第61航空隊に配備された。2004年3月現在、同隊で運用している。

ンドネシアのペリタ・エアサービスへ引き渡された。1976年7月からシュラワシ・エアサービスへリース。1978年4月に東亜国内航空が購入しJA8806「れぶん」となった。1990年2月にKFS社所が所有、全貨物型に改造しN217LCとしてツーソンで保管された。1996年、スペアパーツ機材としてエア・フィリピンが購入、1999年12月6日に登録抹消となった。

■2171号機（PK-PYW）
YS-11A-320／623／CARGO

1972年6月14日初飛行。7月12日、ペリタ・エアサービスへ引き渡された。1973年、メルパチ・ヌサンタラ航空へリース。1978年4月、東亜国内航空が購入しJA8807「たねがしま」となった。1990年4月にブローカーが所有、全貨物型に改造、N218LCとしてツーソンで保管。1996年、スペアパーツ機材としてエア・フィリピンが購入、1999年12月6日に登録抹消となった。

■2172号機（N172RV）
YS-11A-320／623

1972年8月28日初飛行。10月2日、リーブ・アリューシャン航空へ引き渡された。1974年11月6日、アンカレッジ空港の格納庫火災で焼失。

■2173号機（N173RV）
YS-11A-320／623／CARGO

1972年12月19日初飛行。翌年1月30日、リーブ・アリューシャン航空へ引き渡された。1999年11月、フェリテリア・インプリメント社が購入。2004年3月現在、同社にて登録。

■2174号機（9043）
YS-11A-404／YS-11M-A

1971年10月13日初飛行。海上自衛隊向け貨物専用機として製造され、11月26日、航空集団第61航空隊へ引き渡された。2004年3月現在、同隊で運用している。

■2175号機（JA8702）YS-11A-207

1971年10月28日初飛行。海上保安庁救難機として製造、11月30日に引き渡された。2004年3月現在、同庁で運用している。

■2176号機（JA8788）
YS-11A-217／500

1973年2月26日初飛行。東亜国内航空へ3月12日に引き渡され「おが」と命名。日本エアシステムを経て、1988年11月30日に日本エアコミューターへリース。2000年6月30日、JACのイメージキャラクターとして採用された「ルリー」が初めてマーキングされた。2004年3月現在、同社にて登録されている。

■2177号機（JA8791）YS-11A-213

1973年2月8日初飛行。2月24日、全日空へリース。1978年5月に全日空から返却後、海上保安庁救難機に改造され、12月1日に引き渡され、1991年5月、「しゅれい2号」と命名された。2004年3月現在、同庁で運用している。

■2178号機（JA8792）
YS-11A-213／500

1973年3月6日初飛行。全日空へ3月20日にリースされた。1976年7月1日、東亜国内航空がコミューターへリースされた。2004年4月9日に登録抹消となり、整備訓練教材として日本航空学園(石川県輪島市)が購入した。

■2164号機(JA8780) YS-11A-213

1971年9月1日初飛行。全日空へ9月27日にリース。1974年11月30日、エア・ニューギニアへ3ヶ月余りサブリースされた。1978年9月に全日空からリースバックされ、海上保安庁救難機に改造。1979年3月2日に引き渡され、1991年5月、「しゅれい1号」と命名された。2004年3月現在、同庁で運用している。

■2165号機(JA8778)
YS-11A-214/500

1971年6月29日初飛行。南西航空へ7月15日に引き渡され「はまゆう」と命名。1997年10月、トランス・セントラル航空が購入しN998CLとして登録された。1998年7月7日、エア・カリビアンが購入し9Y-TJBと登録。2001年5月13日に中央アフリカのブルンジ共和国籍9U-BHPと登録、11月3日に英国のサウスエンドで修復中に火災が燃え移り焼失した。

■2166号機(JA8781)
YS-11A-217/500

1971年9月28日初飛行。東亜国内航空へ10月9日に引き渡され「くにさき」と命名。日本エアシステムを経て、1988年11月2日に日本エアコミューターへリース。2004年10月に登録抹消となり、整備訓練教材として日本航空学園(石川県輪島市)が購入した。同校では3機のYSを保有することとなった。

■2167号機(JA8782) YS-11A-213

1972年1月26日初飛行。全日空へ2月15日にリース。1978年8月に全日空から返却され、海上保安庁救難機に改造、1979年2月2日に引き渡され、1991年5月、「おじろ2号」と命名。2004年3月現在、同庁で運用している。

■2168号機(JA8787) YS-11A-214

1972年11月24日初飛行。南西航空へ12月14日に引き渡され「そてつ」と命名。日本トランスオーシャン航空を経て1996年10月に退役、エイシアン・スピリットへ売却されRP-C3588となった。その後、アボイテス・エアートランスポートの所有となり、2004年3月現在、同社にて登録されている。

■2169号機(TR-KIB)
YS-11A-321/621/CARGO

1973年1月26日初飛行。トランス・ガボン向けに製造されたがキャンセルとなり、ガボン政府が購入、ガボン空軍のカラーリングが施され、2月15日に引き渡された。1980年5月、アラスカのリーブ・アリューシャン航空に売却されN169RVとなった。1982年2月16日、キング・サーモン空港でエンジンが爆発し出火したが修復された。その後、全貨物型に改造され、1995年2月22日にエア・カリビアンが購入し9Y-THOとなった。2004年3月現在、同社にて登録されている。

■2170号機(PK-PYV)
YS-11A-320/623/CARGO

1971年12月24日初飛行。1972年3月31日、イ

■2157号機（JA8776）
YS-11A-217／500

1971年4月15日初飛行。日本国内航空へ5月8日に引き渡され「しれとこ」と命名。東亜国内航空、日本エアシステムを経て、1993年に日本エアコミューターへリース。2002年11月18日に退役、11月25日に登録抹消となり、青森県立三沢航空科学館へ寄贈された。

■2158号機（JA8775）YS-11A-213

1971年1月9日初飛行。全日空へ2月5日にリース。1975年6月26日、南西航空が購入し「ひるぎ」と命名。1997年に日本トランスオーシャン航空から退役、ミャンマーのヤンゴン・エアウェイズが購入する予定だったが、1998年2月アボイテス・エアートランスポートへ売却、6月にモンゴルのイースタン航空へリースされJU-9050として登録された。1999年4月に返却されRP-C3214となった。2004年3月現在、同社にて登録されている。

■2159号機（12-1160）
YS-11A-218／YS-11FC

1971年1月11日初飛行。航空自衛隊の飛行点検機として製造され、2月25日、保安管制気象団飛行点検隊へ配備された。2004年3月現在、航空支援集団飛行点検隊で運用している。

■2160号機（12-1161）
YS-11A-402／YS-11C／EL／EB

1971年5月11日初飛行。航空自衛隊の貨物専用機C型として製造、5月28日に輸送航空団第402飛行隊へ配備。1982年9月に初めてEL型に改造、航空実験団で運用試験が行われて、1983年、電子訓練隊へ配備された。1997年1月14日、スーパーYS-11EB型に改造され、電子飛行測定隊へ引き渡された。2004年3月現在、同隊で運用している。

■2161号機（12-1162）
YS-11A-402／YS-11C／E／EA

1971年6月5日初飛行。航空自衛隊の貨物専用機C型として製造、6月25日に輸送航空団第401飛行隊へ配備。1979年2月にECM訓練機に改造、総隊司令部飛行隊電子訓練隊へ配備された。その後、スーパーYS-11EA型に改造、電子戦支援隊へ引き渡された。2004年3月現在、同隊で運用している。

■2162号機（12-1163）
YS-11A-402／YS-11C／E／EA

1971年6月22日初飛行。航空自衛隊の貨物専用機C型として製造、7月15日に輸送航空団第401飛行隊へ配備。1976年3月にECM訓練機に改造、総隊司令部飛行隊電子訓練隊へ配備。1991年9月12日、スーパーYS-11EA型に改造され初飛行に成功、飛行開発実験団で運用試験を経て、1993年7月、電子戦支援隊へ配備。2004年3月現在、同隊で運用している。

■2163号機（JA8777）
YS-11A-217／500

1971年3月11日初飛行。東亜航空へ3月29日に引き渡された。1971年5月15日、東亜国内航空機となり「せとうち」と命名。日本エアシステムを経て、1988年6月15日に日本エア

■2149号機（JA8771）
YS-11A-217／500
1970年8月12日初飛行。日本国内航空へ9月30日に引き渡され「あきよし」と命名。東亜国内航空、日本エアシステムを経て、1990年7月13日に日本エアコミューターへリース。2004年3月現在、同社にて登録されている。

■2150号機（02-1158）
YS-11A-402／YS-11C／P
1970年8月25日初飛行。航空自衛隊の貨物専用機C型として製造、9月16日に輸送航空団第402及び第403飛行隊に配備。1989年、人員輸送機P型に改造。2004年3月現在、第3輸送航空隊第403飛行隊で運用している。

■2151号機（02-1159）
YS-11A-402／YS-11C／P／EB
1970年9月8日初飛行。航空自衛隊の貨物専用機C型として製造、10月6日に輸送航空団第402飛行隊に配備。1989年、人員輸送機P型に改造。1996年2月22日、エンジンを換装しスーパーYS-11EB（ELINT）型に改造され、総隊司令部飛行隊電子飛行測定隊に配備された。2004年3月現在、同隊で運用している。

■2152号機（JA8759）
YS-11A-217／500
1970年9月21日初飛行。日本国内航空へ12月10日に引き渡され「たいせつ」と命名。東亜国内航空、日本エアシステムを経て、1993年7月22日に日本エアコミューターへリース。2004年3月現在、同社にて登録されている。

■2153号機（SX-BBP）
YS-11A-220／500
1971年2月2日初飛行。3月26日、オリンピック航空へ引き渡された。1980年11月1日、ギリシア空軍が購入し2153号機として登録。2004年3月現在、同軍にて登録されている。

■2154号機（JA8773）
YS-11A-213／500／CARGO
1970年12月3日初飛行。全日空へ12月19日にリース、1979年6月に同社の所有となった。1983年12月31日、ミッドパシフィック航空が購入しN906TCとなり、翌年1月26日、トランス・セントラル航空へリース。さらに12月にフォートワース航空へリース。ミッドパシフィック航空へ返却後の1986年6月、全貨物型に改造。1987年1月13日、インディアナ州レミントン空港に強行着陸し大破、登録抹消となった。

■2155号機（SX-BBQ）YS-11A-220
1971年3月15日初飛行。3月26日、オリンピック航空へ引き渡された。1972年10月21日、アテネ空港へ着陸降下中に墜落した。

■2156号機（SX-BBR）
YS-11A-220／500
1971年4月12日初飛行。4月28日、オリンピック航空へ引き渡された。1976年11月23日、コザニの南約25kmにあるサヴァントポロス山に墜落した。

■2141号機（JA8765）
YS-11A-221／500
1970年4月8日初飛行。東亜航空へ6月5日に引き渡された。1971年5月15日、東亜国内航空機となり「やしま」と命名。日本エアシステムを経て1992年5月に退役、トランス・セントラル航空へ売却。1993年9月にエア・カリビアンが購入、9Y-TIIとして登録された。2004年3月現在、同社にて登録されている。

■2142号機（JA8766）
YS-11A-221／500
1970年4月14日初飛行。東亜航空へ7月24日に引き渡された。1971年5月15日、東亜国内航空機となり「とくのしま」と命名。日本エアシステムを経て、1990年9月6日に日本エアコミューターへリースされた。2004年3月現在、同社にて登録されている。

■2143号機（SX-BBI）YS-11A-220
1970年4月23日初飛行。5月22日、オリンピック航空へ引き渡された。1981年11月1日、ギリシア空軍が購入し2143号機として登録。2004年3月現在、同軍にて登録されている。

■2144号機（SX-BBK）YS-11A-220
1970年4月27日初飛行。5月22日、オリンピック航空へ引き渡された。1981年11月1日、ギリシア空軍が購入し2144号機として登録。2004年3月現在、同軍にて登録されている。

■2145号機（SX-BBL）YS-11A-220
1970年5月15日初飛行。6月8日、オリンピック航空へ引き渡された。1980年10月30日、ギリシア空軍が購入し2145号機として登録。2004年3月現在、同軍にて登録されている。

■2146号機（JA8772）
YS-11A-213／500R
1970年6月20日初飛行。全日空へ10月30日に引き渡された。1988年1月、エアーニッポンが購入。エアーニッポンの北海道路線を最後に2003年8月31日に退役した。飛行時間5万7051時間、飛行回数6万163サイクルであった。2003年9月19日、プーケット航空が購入しHS-KUOとして登録された。2004年3月現在、同社にて登録されている。

■2147号機（PK-IYS）
YS-11A-222／500
1970年8月6日初飛行。1971年3月16日、ボーラック・インドネシア航空へリース。1978年1月27日、東亜国内航空が購入しJA8768「りくちゅう」と命名した。日本エアシステムを経て1994年8月30日、日本エアコミューターへリースされた。2004年3月現在、同社にて登録されている。

■2148号機（6904）
YS-11A-206／YS-11T-A
1970年7月21日初飛行。海上自衛隊の機上訓練機T-A型として製造され、1971年4月28日、第205教育航空隊へ配備された。2004年3月現在、同隊で運用している。

き渡された。1991年8月1日からエアーニッポンがリース。エアーニッポンの北海道路線を最後に退役、2003年9月19日プーケット航空へ売却、HS-KVAとなった。飛行時間5万9695時間、飛行回数6万3682サイクルであった。2004年3月現在、同社にて登録されている。

■2134号機(JA8764) YS-11A-217

1970年1月28日初飛行。日本国内航空へ2月26日に引き渡され「ばんだい」と命名。1971年5月15日に東亜国内航空機となったが、7月3日に函館空港北方の七飯町横津岳に墜落。

■2135号機(JA8763) YS-11A-217

1970年1月27日初飛行。日本国内航空へ3月28日に引き渡され「えらぶ」と命名。東亜国内航空、日本エアシステムを経て、1989年7月19日に日本エアコミューターへリース。2004年3月現在、同社にて登録されている。

■2136号機(SX-BBG) YS-11A-220

1970年3月3日初飛行。3月31日、オリンピック航空へ引き渡された。1980年10月30日、ギリシア空軍が購入し2136号機として登録。2004年3月現在、同軍にて登録されている。

■2137号機(SX-BBH) YS-11A-220

1970年3月6日初飛行。3月31日、オリンピック航空へ引き渡された。1981年11月1日、ギリシャ空軍が購入し2137号機として登録。2004年3月現在、同軍にて登録されている。

■2138号機(JA8769) YS-11A-213／500

1970年10月28日初飛行。全日空へ11月26日に引き渡された。1991年8月1日からエアーニッポンがリース。1997年4月、アボイテス・エアートランスポートが購入しRP-C3208として登録。2002年1月、登録抹消となった。

■2139号機(JA8779) YS-11A-300／CARGO

1970年3月5日初飛行。1971年4月28日、大韓航空へリースされHL5222として登録。1972年12月に大韓航空が購入、1977年11月、フィリピン航空へ売却されRP-C1421となった。1984年12月、ミッドパシフィック航空が購入しN128MPとなり、全貨物型に改造された。1989年1月、フェニックス航空が購入し米郵政省の郵便輸送に使用された。3月15日、インディアナ州ウエスト・ラファイエット・パデュー・ユニバーシティ空港に着陸降下中、水平尾翼にアイシングを起こし墜落した。

■2140号機(9Q-CWL) YS-11A-321／627／CARGO

1970年6月2日初飛行。トランス・ガボン向けに製造、同社のカラーリングが施されTR-LPMとマーキングされたがキャンセル。その後600型に改造、1972年11月9日にコンゴ民主共和国(旧ザイール)の流通商社ソシエテ・ジェネラル・アリマンタシオン社へ引き渡された。全貨物型改造後の1978年11月、TRAMCO社へ売却され、1992年12月31日、登録抹消となった。

年4月16日、登録抹消となり解体された。

■2127号機（JA8755）
YS-11A-213／500

1969年11月4日初飛行。全日空へ11月29日に引き渡された。日本近距離航空、エアーニッポンへリースされ、1993年3月にエアーニッポンが所有。1996年8月19日、登録抹消となり大阪伊丹の全日空整備で解体された。

■2128号機（TR-LPJ）
YS-11A-314／600

1969年10月30日初飛行。1970年12月5日、エア・アフリクへリース。1972年3月に正式購入。1973年4月9日にエール・イボワールにリース、TU-TIEとなった。1979年4月、全日空が購入し600型に改造。1991年11月、アボイテス・エアートランスポートが購入しRP-C3202と登録。2000年4月2日、登録抹消された。

■2129号機（TR-KIA）
YS-11A-318／CARGO

1969年11月1日初飛行。ガボン共和国の政府専用機として1971年3月29日に引き渡された。1979年12月にピラミッド航空が購入、N924「スエズ・カネル・ペースメーカー」として登録。1984年6月、プロビスタウン・ボストン航空へ売却。1992年1月、G・US社の所有となり全貨物型に改造された。2004年3月現在、同社にて登録されている。

■2130号機（B-158）YS-11A-219

1969年11月17日初飛行。1970年1月9日、中華航空へ引き渡された。1978年にB-1157に変更。1980年3月、全日空が購入しJA8823として登録された。1983年12月20日にミッドパシフィック航空へ売却後、トランス・セントラル航空へリースされN905TCとなった。1984年12月にフォートワース航空へサブリース、1985年12月にミッドパシフィック航空へ返却された。1990年6月4日に登録抹消となり、ホノルルで解体された。

■2131号機（JA8760）
YS-11A-213／500

1969年12月5日初飛行。全日空へ12月25日に引き渡された。1983年3月にミッドパシフィック航空へ売却後、トランス・セントラル航空へリースされN904TCとして登録。1984年7月にシモンズ航空が購入したが、1986年12月にショーツUSA社の所有となりアリゾナ州ツーソンで保管。1988年7月、エア・アルバが購入しP4-YSA「CHUCHUBI」となった。1993年8月5日に登録抹消となり、アルバのクイーン・ビートリックス国際空港に残された。

■2132号機（6903）
YS-11A-206／YS-11T-A

1969年12月6日初飛行。海上自衛隊の機上訓練機T-A型として製造され、1970年8月18日、第205教育航空隊へ配備された。2004年3月現在、同隊で運用している。

■2133号機（JA8761）
YS-11A-213／500R

1970年1月13日初飛行。全日空へ2月2日に引

登録。1997年7月に退役、アヴィエーション・マネージメント・サポート社が購入し、フォートローダーデール国際空港で保管。ジェネシス・アヴィエーション社を経て、2002年3月にアルコン社の所有となった。2004年3月現在、同社にて登録されている。

■2121号機（N269P）YS-11A-205／500

1969年9月5日初飛行。12月23日、ピードモント航空へ引き渡され「オハイオ・バレィ・ペースメーカー」と命名。1982年6月、プロビスタウン・ボストン航空が購入。1985年8月、シモンズ航空へ売却されアメリカン・イーグルのカラーリングが施された。その後、ブローカーの所有となりアリゾナ州ツーソンで保管され、1989年7月にメキシコのリトラル航空が購入しXA-ROLとなったが、1992年2月28日、登録抹消となり解体された。

■2122号機（N273P）YS-11A-205／500

1969年9月18日初飛行。1970年1月16日、ピードモント航空へ引き渡され「ピーチツリー・ペースメーカー」と命名。1982年4月、ノースカナダ航空へリース。1983年6月、プロビスタウン・ボストン航空が購入した。1992年1月、G・US社の所有となった。2004年3月現在、同社にて登録されている。

■2123号機（6902）YS-11A-206／T-A

1969年9月5日初飛行。海上自衛隊の機上訓練機T-A型として製造され、1970年6月15日、第205教育航空隊に配備された。2004年3月現在、同隊で運用中している。

■2124号機（92-1156）YS-11A-402／C／NT

1969年9月17日初飛行。航空自衛隊の貨物専用機C型として製造、10月28日に輸送航空団第403飛行隊へ配備。1977年3月、航空自衛隊で唯一の航法訓練機NT型に改造。2004年3月現在、第3輸送航空隊第403飛行隊で運用。

■2125号機（92-1157）YS-11A-402／C／EL／EB

1969年9月17日初飛行。航空自衛隊の貨物専用機C型として製造され、10月29日に輸送航空団第403飛行隊へ引き渡された。1991年4月5日にEL（ELINT）型に改造、5月23日に総隊司令部飛行隊電子訓練隊へ配備。さらにエンジンを換装したスーパーYS-11EB型に改造され、電子飛行測定隊に配備された。2004年3月現在、同隊で運用している。

■2126号機（N274P）YS-11A-205／500

1969年10月20日初飛行。1970年2月6日、ピードモント航空へ引き渡され「テネシーバレィ・ペースメーカー」と命名。1982年6月11日、プロビスタウン・ボストン航空が購入。1985年2月27日、シモンズ航空へ売却。1986年、ショーツUSA社が所有しアリゾナ州ツーソンで保管された。1989年8月23日、メキシコのリトラルが購入しXA-ROVとして登録。1992

空で全貨物型に改造、1980年12月2日にエアボーン・エクスプレス社が購入しN920AXとなった。1996年3月、登録抹消となった。

■2115号機（JA8743）
YS-11A-213／500R

1969年7月24日初飛行。全日空へ8月19日に引き渡された。1991年8月1日からエアーニッポンへリース。1998年1月26日に退役し、高松空港の南側にある「さぬきこどもの国」（香川県香川郡香南町）へ寄贈展示された。

■2116号機（JA8744）
YS-11A-213／500R

1969年8月5日初飛行。全日空へ8月26日に引き渡された。1990年3月にエアーニッポンが所有。飛行時間5万9938時間、飛行回数6万5648サイクルであった。2003年6月13日、プーケット航空へ売却されHS-KVOとなった。2004年3月現在、同社にて登録されている。

■2117号機（N254P）
YS-11A-205／500／CARGO

1969年8月11日初飛行。11月14日、ピードモント航空へ引き渡され「ピーディー・ストランド・ペースメーカー」と命名。1974年2月13日、ウインストン・セーラム空港のハンガー内で火災を起こし修復された。1980年8月にパインハースト航空で全貨物型に改造され、10月23日にエアボーン・エクスプレス社が購入しN921AXとなった。1997年7月退役、アヴィエーション・マネージメント・サポート社が購入し、オークランドパーク空港で保管されたが、1998年3月に用途廃止となった。

■2118号機（N257P）
YS-11A-205／500

1969年8月20日初飛行。12月4日、ピードモント航空へ引き渡され「サンテ・ペースメーカー」と命名。1982年9月にプロビスタウン・ボストン航空へ売却、さらに1985年2月にシモンズ航空が購入。退役後アリゾナ州ツーソンで保管されていたが、1988年8月にエア・アルバが購入しP4-YSB「TRUPIAL」と登録。1993年8月5日に登録抹消となり、アルバのクイーン・ビートリックス国際空港に残された。

■2119号機（N259P）
YS-11A-205／500

1969年8月26日初飛行。12月16日、ピードモント航空へ引き渡され「シエナンドア・バレィ・ペースメーカー」と命名。1970年7月28日、ワシントン・ナショナル空港で着陸時に車輪を破損したが修復。1982年3月14日、ピードモントのYSとしてラストフライトを飾った。6月にプロビスタウン・ボストン航空が購入、1992年1月にG・US社の所有となった。2004年3月現在、同社にて登録されている。

■2120号機（N268P）
YS-11A-205／500／CARGO

1969年8月28日初飛行。12月22日、ピードモント航空へ引き渡され「グレート・スモーキー・ペースメーカー」と命名。1979年11月にパインハースト航空で全貨物型に改造、エアボーン・エクスプレスが購入しN922AXとして

■2108号機（JA8735）
YS-11A-213／500R

1969年4月29日初飛行。全日空へ5月31日に引き渡された。1988年4月、エアーニッポンの所有機となった。2002年に退役、飛行時間5万5857時間、飛行回数6万5758サイクルであった。2003年1月、アボイテス・エアートランスポートが購入しRP-C3592となった。2004年3月現在、同社にて登録されている。

■2109号機（N219P）
YS-11A-205／500

1969年6月18日初飛行。1969年10月1日、ピードモント航空へ引き渡され「ガーデンステート・ペースメーカー」と命名。1982年8月27日、ピラミッド航空に引き渡された。1984年6月1日、プロビスタウン・ボストン航空が購入し、マルタから米国へフェリーされた。1992年1月、ブローカーのG・US社の所有となった。2004年3月現在、同社にて登録されている。

■2110号機（B-156）YS-11A-219

1969年5月28日初飛行。中華航空へ12月16日に引き渡された。1970年8月12日、豪雨の中、台北スン・シャン空港へ着陸降下中に山中に墜落した。

■2111号機（JA8736）
YS-11A-213／500

1969年5月29日初飛行。全日空へ6月30日に引き渡された。1988年1月20日、エアーニッポンが購入。1998年、アボイテス・エアートランスポートへ売却されRP-C3212となった。2000年10月15日、登録抹消となった。

■2112号機（N224P）
YS-11A-205／500

1969年6月28日初飛行。10月22日、ピードモント航空へ引き渡され「グランド・ストランド・ペースメーカー」と命名。パインハースト航空で全貨物型に改造され、1980年12月にエアボーン・エクスプレス社が購入しN918AXとなった。1992年3月6日、ウィルミントン空港で訓練中に胴体着陸事故を起こし、9月1日に登録抹消されスペアパーツ機材となった。

■2113号機（N245P）
YS-11A-205／500／CARGO

1969年7月10日初飛行。8月7日、ピードモント航空へ引き渡され「マナサ・ストランド・ペースメーカー」と命名、その後「クロアタン・ペースメーカー」に変更。1971年にノースカロライナ州ウインストン・セーラム空港で胴体着陸事故を起こした。1980年8月、パインハースト航空で全貨物型に改造、11月にエアボーン・エクスプレス社が購入しN919AXとなった。1997年7月退役、アヴィエーション・マネージメント・サポート社が購入し、オークランドパーク空港で保管されたが、1998年3月に用途廃止となった。

■2114号機（N247P）
YS-11A-205／500／CARGO

1969年8月5日初飛行。11月10日、ピードモント航空へ引き渡され「オールド・ヒッコリー・ペースメーカー」と命名。パインハースト航

■2103号機（JA8734）
YS-11A-213／500R

1969年3月25日初飛行。全日空へ4月16日に引き渡された。1989年4月10日、エアーニッポンの所有機となった。1999年2月17日に退役し但馬空港へ寄贈され展示された。

■2104号機（JA8757）YS-11A-301／658／659／CARGO

1969年3月27日初飛行。1970年1月、オリンピック航空へリースされSX-BBJとして登録。8月に600型に改造され、12月にノルウェーのメイエアへリース、LN-MTAとして登録された。1971年8月に返却され日本へ戻り、1972年4月にボーラック・インドネシア航空に引き渡された。1976年9月に再び日本へ戻り、1977年4月に東亜国内航空がリースし「かいもん」と命名。1980年10月に東亜国内航空の所有機となったが、1981年3月にミッドパシフィック航空へ売却されN113MPとして登録。1986年1月に全貨物型に改造、1987年3月からDHLにリース。1994年5月にはフェニックス・リーシング社の所有となり、インディアナ州ウエスト・ラファイエット空港で保管されたのち、1998年9月28日に登録抹消となり解体された。

■2105号機（JA8750）
YS-11A-301／313／CARGO

1969年4月3日初飛行。東亜航空へ10月31日にリースされた。1971年2月に同社の所有機となったが、5月15日に合併のため東亜国内航空機となり「あまみ」と命名。1981年2月、ミッドパシフィック航空に売却されN112MPとして登録。1985年12月に全貨物型に改造されミッドパックエアを経て、1991年12月に米郵政省の郵便輸送に使用された。1994年5月にフェニックス・リーシング社の所有となり、インディアナ州ウエスト・ラファイエット空港で保管されたのち、1998年9月28日に用途廃止となり解体された。

■2106号機（JA8758）
YS-11A-301／600／CARGO

1969年4月12日初飛行。1970年1月、オリンピック航空へリース。リースバックされた2106号機は、1970年6月20日から7月9日まで東アフリカ、さらに7月25日に南ベトナムでデモフライトを実施。1970年8月、大韓航空にリース。1972年12月に大韓航空の所有機となったが、1974年12月にフィリピン航空へ売却。1980年2月に東亜国内航空へリースされ「きたみ」と命名され、1985年2月に同社の所有となった。1990年4月にL&C社の所有となり全貨物型に改造。1997年3月23日にエイシアン・スピリットへ売却、RP-C3590となった。2004年3月現在、同社にて登録されている。

■2107号機（JA8759）YS-11A-301

1969年4月19日初飛行。1970年12月、大韓航空にリースされHL5221となった。1972年12月に大韓航空の所有機となったが、1974年12月、フィリピン航空へ売却されRP-C1419となった。1977年7月17日、マクタン島マクタン空港沖の海上に不時着し登録抹消された。

■2096号機（JA8728）
YS-11A-213／500

1969年1月23日初飛行。全日空へ2月18日に引き渡された。日本近距離航空へ1979年3月30日にリース、1981年6月30日に同社の所有となった。エアーニッポンを経て、1995年4月4日に登録抹消となり解体された。飛行時間5万5686時間、飛行回数6万6058サイクルであった。

■2097号機（JA8729）
YS-11A-213／500

1969年1月30日初飛行。全日空へ2月28日に引き渡された。日本近距離航空へ1978年3月30日にリースされ、1981年2月11日に同社の所有となった。エアーニッポンを経て2002年8月に退役、11月12日にプーケット航空へ売却されHS-KVUとなった。2004年3月現在、同社にて登録されている。

■2098号機（JA8730）
YS-11A-213／500

1969年2月19日初飛行。全日空へ3月15日に引き渡された。日本近距離航空、エアーニッポンへリース。1998年6月、アボイテス・エアートランスポートが購入しRP-C3209となった。2000年3月21日、登録抹消となった。

■2099号機（JA8731）
YS-11A-213／500

1969年2月25日初飛行。全日空へ3月21日に引き渡された。日本近距離航空、エアーニッポンへリースされたが、1995年12月7日に退役し、1996年3月23日「かかみがはら航空宇宙博物館」（岐阜県各務原市）に展示された。

■2100号機（6901）
YS-11A-206／T-A

1969年3月3日初飛行。海上自衛隊の機上訓練機T型に改造。1970年2月28日、運用試験のため航空集団51航空隊に引き渡され、5月16日に第205教育航空隊に配備された。2004年3月現在、同隊で運用されている。

■2101号機（JA8732）
YS-11A-213／500R

1969年3月13日初飛行。全日空へ3月31日に引き渡された。1991年8月1日、エアーニッポンへリース。1997年4月13日、大島発羽田行ANK846便で退役。飛行時間5万2991時間、飛行回数5万8253サイクルであった。5月23日、所沢航空発祥記念館（埼玉県所沢市）に展示のため、羽田空港を午前10時15分に離陸、10時50分に航空自衛隊入間基地に着陸、その後、胴体と翼を分解し大型トレーラーで搬入された。

■2102号機（JA8733）
YS-11A-213／500R

1969年3月17日、量産100号機として初飛行。全日空へ4月16日に引き渡された。1993年2月にエアーニッポンが所有。1998年8月4日に退役し佐賀空港へ寄贈された。

■2090号機（JA8710）YS-11A-214

1968年12月6日初飛行。南西航空へ12月27日に引き渡され「ばしょう」と命名された。1980年3月に東亜国内航空へリース「しらはま」と命名、1986年に返却された。1999年4月、エア・フィリピンが購入しRP-C2739として登録、12月に日本エアサービス社の所有となった。2004年3月現在、同社にて登録されている。

■2091号機（PP-SMO）
YS-11A-212／500

1968年12月16日初飛行。1969年2月10日、ヴァスプ航空へ引き渡された。1974年3月、パシフィック・サウスウエスト航空が購入し飛行訓練機として使用。1977年7月、全日空が購入しJA8716として登録。1984年2月、ミッドパシフィック航空が購入しN908TCとなり、トランス・セントラル航空にリースされた。12月にはフォートワース航空へリースされ、1985年9月に返却された。1989年10月、メキシコのリトラル航空が購入しXA-RPUとなった。1992年4月16日、用途廃止となり解体された。

■2092号機（JA8717）
YS-11A-217／500

1969年1月30日初飛行。日本国内航空へ2月19日に引き渡された。2092号機は日本航空にウェットチャーターされたため、日本航空のマーキングが施され「あそ」と命名された。東亜国内航空、日本エアシステムを経て1992年2月28日、日本エアコミューターへリースされた。2004年3月現在、同社にて登録されている。

■2093号機（JA8701）YS-11A-207

1969年1月27日初飛行。海上保安庁が初めて導入した救難機。3月20日に引き渡された。1995年5月「ブルーイレブン」と命名された。2004年3月現在、同庁で運用されている。

■2094号機（JA8726）
YS-11A-213／500

1968年12月25日初飛行。全日空へ1969年1月30日に引き渡された。1978年3月28日に日本近距離航空へリースされ、1980年4月に同社の所有となった。エアーニッポンを経て1996年6月まで使用され、7月16日に登録抹消となり大阪伊丹空港で解体された。

■2095号機（JA8727）
YS-11A-213／500

1969年1月9日初飛行。2月21日、全日空へ引き渡された。1979年3月30日に日本近距離航空にリースされたが、1981年6月30日に同社の所有となった。2000年2月16日に丘珠空港でオーバーラン事故を起こし、10月19日に除籍処分となった。2001年12月20日、航空宇宙技術研究所は調布飛行場分室でYS-11型機胴体構造の落下衝撃試験を実施した。落下衝撃試験は、航空機が不時着時のクラッシュ事故に遭遇した際に、搭乗者が受ける衝撃過重や加速度などのデータを実機で試験をするもので、YSクラスのデータは世界でも少なく、国内外から高い関心が寄せられた。

■2085号機（JA8708）YS-11A-213

1968年10月19日初飛行。全日空へ11月12日に引き渡された。1969年10月20日、宮崎空港でオーバーラン事故を起こし登録抹消。

■2086号機（LV-JII）
YS-11A-309／CARGO

1968年11月14日初飛行。12月5日、エアロトランスポート・リトラル・アルゼンチン（ALA）へ引き渡された。1971年、ALAはオーストラル航空と合併。1979年8月、ラパ航空へ売却。1981年2月、ミッドパシフィック航空が購入しN114MPと登録。1985年、全貨物型に改造され米本土で運航された。1994年5月にフェニックス・リーシング社が所有、インディアナ州ウエスト・ラファイエット空港で保管、1998年9月28日、登録抹消となり解体された。

■2087号機（LV-JIJ）
YS-11A-309／CARGO

1968年11月21日初飛行。12月13日、アルゼンチンのオーストラル航空へ引き渡された。1979年7月、ラパ航空へ売却。1981年6月、ミッドパシフィック航空へ引き渡されN115MPとして就航。1985年7月全貨物型に改造され貨物専用便として米本土で使用された。1994年5月にフェニックス・リーシング社の所有となり、インディアナ州ウエスト・ラファイエット空港で保管され、1998年9月28日に登録抹消となり解体された。

■2088号機（LV-JLJ）
YS-11A-309／CARGO

1968年11月28日初飛行。1969年6月10日、オーストラル航空へ引き渡された。1979年7月、ラパ航空へ売却。1980年8月13日、ブエノス・アイレスのエゼ・ザエツ空港で破損し修復された。1983年6月、ミッドパシフィック航空が購入しN124MPとなった。1985年全貨物型に改造。1994年5月にフェニックス・リーシング社の所有となり、インディアナ州ウエスト・ラファイエット空港で保管され、1998年9月28日に登録抹消となり解体された。

■2089号機（JA8756）
YS-11A-302／600

1968年12月2日初飛行。1969年12月3日から翌年2月14日まで西アフリカのデモフライトで使用された。2月16日、エア・アフリクへ引き渡されTR-LPGとして登録。1973年4月からエール・イボワールへリースされ、TU-TIDとして就航。1979年4月、全日空が購入し日本へ戻った。1991年8月31日、全日空YS「オリンピア」のラストフライトに使用された。9月1日からエアーニッポンへリースされたが、11月にアボイテス・エアートランスポートに売却されRP-C3201として登録、1999年4月7日に登録抹消となりスペアパーツ機材としてマニラ国際航空で保管。2000年11月にサンエンタープライズ社（愛媛県伊予郡松前町）が購入、レストラン「スカイドリーム」として使用したが、2001年1月に火災で焼失した。

となった。2004年3月現在、同社にて登録されている。

■2079号機（PP-SMM）YS-11A-212／500

1968年9月9日初飛行。10月10日から航空自衛隊入間基地で開催された第2回航空宇宙ショーに展示された後、11月30日にヴァスプ航空に引き渡された。1977年11月、東亜国内航空が購入しJA8723「きび」として登録。1994年2月にエヌエイエス・アヴィエーション社が所有、タンザニアのエア・ザンジバールへリースされた。その後KFSアヴィエーション社が購入し、1996年7月2日にエアリンク・インターナショナル航空へ売却されRP-C2252として登録された。2004年3月現在、同社にて登録されている。

■2080号機（PP-CTI）YS-11A-202

1968年9月9日初飛行。10月9日、クルゼイロ航空へ引き渡された。1976年3月、バリグ航空へリース。1977年4月29日、サンタ・カタリナ州イタジャイ空港近郊で着陸事故を起こし登録抹消。その後レストランとして使用された。

■2081号機（PP-CTJ）YS-11A-202／500

1968年9月16日初飛行。10月26日、クルゼイロ航空へ引き渡された。1977年8月、東亜国内航空が購入しJA8804「たかちほ」となった。その後500型に改造され、日本エアシステムで使用された。1993年6月、トランス・セントラル航空が購入しN994CLとして登録、ツーソンのハミルトン・アヴィエーション社で保管されている。2004年3月現在、日本エアサービス社にて登録されている。

■2082号機（PP-CTK）YS-11A-202

1968年9月21日初飛行。11月27日、クルゼイロ航空へ引き渡された。1972年10月22日、米国のパシフィック・サウスウエスト航空に売却されN208PAとなった。1974年3月5日、飛行訓練中にサンディエゴ近郊にあるボレゴ・スプリングスの砂漠に墜落。

■2083号機（PP-CTL）YS-11A-202

1968年10月1日初飛行。11月28日、クルゼイロ航空へ引き渡された。1969年11月12日、ハイジャックされキューバに着陸したが、PP-CTLは返還された。1973年10月、南西航空が購入しJA8794「ふくぎ」として登録された。1999年8月、エア・フィリピンが購入しRP-C3217として登録、12月にはアボイテス・エアートランスポートの所有となった。2004年3月現在、同社にて登録されている。

■2084号機（PP-SMN）YS-11A-212

1968年10月9日初飛行。1969年1月、ヴァスプ航空へ引き渡された。1977年8月、東亜国内航空が購入しJA8709「よろん」として就航。1985年10月9日に運輸省（現・国土交通省）航空局の飛行検査機に改修され、のちに飛行検査情報処理システム（AFIS）と空中衝突警告装置（TCAD）を搭載した。

■2073号機（CF-TAM）
YS-11A-306／600／CARGO

1968年7月12日初飛行。8月19日、トランスエアへ引き渡された。1978年4月30日、パシフィック・ウエスタン航空と合併。1980年2月、パインハースト航空に売却されN5592Mと登録。1981年2月、ミッドパシフィック航空が購入しN111PHとして登録。1985年7月、全貨物型に改造され機首に「AIRCARGO」とマーキングされた。1988年8月にコア・ホールディング社の所有となり、ミッドパックエアにリース。1994年5月にフェニックス・リーシング社が所有。1998年10月16日、アルコン社へ売却されXA-TNDとして登録。2004年3月現在、同社にて登録されている。

■2074号機（82-1155）
YS-11A-305／YS-11PC／C／EB

1968年7月25日初飛行。航空自衛隊が初めて導入した300型貨客混載タイプである。8月28日、輸送航空団第403飛行隊へ引き渡された。その後、全貨物型に改造されC型となった。日本飛行機で電子情報収集機EB型としてエンジンを換装、1995年2月16日に試験飛行に成功、4月1日に入間基地の総隊司令部飛行隊電子飛行測定隊へ配備された。2004年3月現在、同隊で運用されている。

■2075号機（N214P）
YS-11A-205／500／CARGO

1968年8月7日初飛行。11月27日、ピードモント航空へ引き渡され「ニュースリバー・ペースメーカー」と命名。1979年12月にパインハースト航空で全貨物型に改造され、ミッドウエスト・エアチャーターへ引き渡された。1980年2月、エアボーン・エクスプレスの所有となりN916AXとして登録されたが、1985年5月30日に用途廃止となり、スペアパーツ機材として使用された。

■2076号機（PP-SML）YS-11A-212

1968年8月13日初飛行。12月11日、ヴァスプ航空へ引き渡された。1971年11月7日にアラガルサス空港で破損、修復中に火災で焼失。

■2077号機（N218P）
YS-11A-205／500／CARGO

1968年8月15日初飛行。1969年4月21日、ピードモント航空へ引き渡され「ロアトクリバー・ペースメーカー」と命名。パインハースト航空で全貨物型に改造、1980年4月10日にエアボーン・エクスプレスが購入しN917AXとして登録された。1997年7月退役、アヴィエーション・マネージメント・サポート社が購入し、フォートローダーデール国際空港で保管。ジェネシス・アヴィエーション社を経て、アルコン社の所有となった。2004年3月現在、同社にて登録されている。

■2078号機（JA8722）
YS-11A-213／500

1968年8月20日初飛行。全日空へ9月19日に引き渡された。1991年8月1日からエアーニッポンへリース、1999年12月に同社へ移管された。2002年5月に日本エアサービス社が購入、エイシアン・スピリットへ引き渡されRP-C3589

■2069号機（JA8715）
YS-11A-209／500

1968年5月24日初飛行。南西航空へ6月20日に引き渡され「あだん」と命名。1989年4月、エア・アルバに引き渡されP4-YSCとして登録。1991年5月にセントマーチンのウインドワード・アイランド航空へ引き渡され、PJ-KFAとなった。1991年12月にL&C社、翌年1月にKFAアルバの所有となりP4-KFA、そしてP4-KFSとして登録。1996年7月、エイシアン・スピリットが購入しRP-C3587となった。1999年3月、アボイテス・エアートランスポートの所有となった。2004年3月現在、サウス・フェニックス航空にて登録保管されている。

■2070号機（JA8714）
YS-11A-310／600／CARGO

1968年6月6日初飛行。貨客混載の300型初号機として製造され、8月27日から10月28日まで東南アジア、中東、ヨーロッパへのデモフライトを行った。1969年4月、大韓航空に引き渡されHL5206として登録。1974年12月、フィリピン航空に売却されRP-C1417となった。1984年7月、ミッドパシフィック航空が購入しN125MPとして登録。1986年4月、全貨物型に改造、貨物便として運航され、1989年に米郵政省の郵便輸送に使用された。1991年7月にはスウェーデンのユーロフライトに引き渡され、SE-KTVとして登録。1994年5月、米国に戻りインディアナ州ウエスト・ラファイエット空港で保管された。1998年10月、バーレーンのグローバル・エアカーゴ社が購入しサントメ・プリンシペ民主共和国籍S9-CAPとなった。1999年12月、アルコン社が購入しXA-TQPとして登録された。2004年3月現在、同社にて登録されている。

■2071号機（JA8713）
YS-11A-307／600／CARGO

1968年6月29日初飛行。日本国内航空へ7月14日に引き渡され「いぶすき」と命名。1975年1月に600型に改造され、リーブ・アリューシャン航空に売却されN171RVとなった。1980年6月に全貨物型に改造。1991年7月から1993年8月までスウェーデンのユーロフライトに引き渡され、SE-KTXとして登録された。1999年11月、フェリテリア・インプリメント社の所有となった。2004年3月現在、同社にて登録されている。

■2072号機（CF-TAK）
YS-11A-306／600／CARGO

1968年7月9日初飛行。8月16日、トランスエアへ引き渡され「ノルウェーハウス」と命名。トランスエアは1978年4月30日にパシフィック・ウエスタン航空と合併。1979年12月、パインハースト航空が購入しN4989Sとして登録。1981年12月、ミッドパシフィック航空が購入しN110PHとして登録。1985年3月、全貨物型に改造され機首に「AIRCARGO」とマーキングされた。1988年8月にコア・ホールディング社の所有となり、1991年1月から米郵政省の郵便輸送に使用された。1994年5月にフェニックス・リーシング社へ売却、インディアナ州ウエスト・ラファイエット空港で保管された。1998年9月28日、登録抹消となり解体された。

年5月12日、エアボーン・エクスプレス社が購入しN915AXとして登録。1997年7月に退役、アヴィエーション・マネージメント・サポート社が購入し、フォートローダーデール国際空港で保管。ジェネシス・アヴィエーション社を経て、2002年3月にアルコン社の所有となった。2004年3月現在、同社にて登録されている。

■2063号機（PP-CTG）YS-11A-202

1968年3月5日初飛行。5月21日、クルゼイロ航空へ引き渡された。1972年10月18日、サン・パウロのコンゴーニャス空港でオーバーラン事故を起こし大破、廃棄処分となった。

■2064号機（PP-CTH）YS-11A-202／500

1968年3月18日初飛行。5月25日、クルゼイロ航空へ引き渡された。1974年4月、南西航空が購入しJA8795「でいご」として登録。1979年11月、東亜国内航空が購入「ひだ」と命名。1993年3月、トランス・セントラル航空が購入しN993CLとして登録されたが、7月にエア・カリビアンに売却され9Y-TIHとなった。その後、同社は運航を停止し、2064号機はポート・オブ・スペインで保管された。2004年3月現在、同社にて登録されている。

■2065号機（JA8696）YS-11A-209／500

1968年4月12日初飛行。南西航空へ5月31日に引き渡され「ゆうな」と命名された。1979年10月、東亜国内航空が購入し「ざおう」と命名された。1991年9月、トランス・セントラル航空が購入しN990CLとして登録。1996年9月、エア・カリビアンへ売却され9Y-TIZとなった。その後、同社は運航を停止し2065号機はポート・オブ・スペインで保管された。2004年3月現在、同社にて登録されている。

■2066号機（JA8697）YS-11A-208

1968年4月13日初飛行。全日空へ5月18日に引き渡された。1984年1月にミッドパシフィック航空が購入したが、トランス・セントラル航空にリースされN907TCとして登録。さらに12月にフォートワース航空へリース、1985年9月にミッドパシフィック航空へリースバックされた。1989年10月、メキシコのリトラル航空が購入しXA-RRGとなったが、1992年4月16日に用途廃止となった。

■2067号機（JA8698）YS-11A-211／208

1968年4月22日初飛行。全日空へ5月28日に引き渡された。1981年7月に日本近距離航空の所有となり、エアーニッポン機として使用。1996年10月24日、エア・フィリピンへ売却されRP-C2015となった。2001年5月、アボイテス・エアートランスポートが所有した。2004年3月現在、同社にて登録されている。

■2068号機（PP-SMJ）YS-11A-211

1968年5月10日初飛行。10月31日、ヴァスプ航空へ引き渡された。1973年10月23日、リオ・デ・ジャネイロのサントスデュモン空港で離陸に失敗、オーバーラン事故を起こしグアナバラ湾に水没した。

パイロット装備機であった。

■2056号機（N169P）
YS-11A-205／500／CARGO

1968年1月23日初飛行。1968年7月31日、ピードモント航空へ引き渡され「アルベマール・ペースメーカー」と命名。1979年2月、パインハースト航空で全貨物型に改造。1981年8月20日、エアボーン・エクスプレス社が購入しN914AXとして登録。1997年7月に退役、アヴィエーション・マネージメント・サポート社が購入し、フォートローダーデール国際空港で保管。ジェネシス・アヴィエーション社を経て、2002年3月にアルコン社の所有となった。2004年3月現在、同社にて登録されている。

■2057号機（N159P）
YS-11A-205／500

1968年1月31日初飛行。1968年8月19日、ピードモント航空へ引き渡され「ヨークリバー・ペースメーカー」と命名。1977年12月、エジプトのピラミッド航空へ引き渡され「ナイルリバー・ペースメーカー」と命名。1984年6月、プロビスタウン・ボストン航空が購入。1992年1月に用途廃止となり、1993年7月にマサチューセッツ州で解体された。

■2058号機（9042）
YS-11A-113／YS-11M

1968年2月17日初飛行。50号機以降はA型として生産されたが、海上自衛隊向けに100型仕様として製造された。3月15日に第205航空隊に引き渡された後、1971年12月24日に第61航空隊に配備された。2004年3月現在、同隊に配備運用中である。

■2059号機（PP-SMI）YS-11A-211

1968年1月19日初飛行。11月14日、ヴァスプ航空（VASP）へ引き渡された。1972年4月12日、リオ・デ・ジャネイロ北方50キロの山中に墜落。

■2060号機（JA8693）YS-11A-208

1968年2月8日初飛行。3月27日、全日空へ引き渡された。1981年7月に日本近距離航空の所有機となった。1983年3月11日、着陸のため中標津空港へ降下中に墜落した。

■2061号機（N187P）
YS-11A-205／500

1968年2月16日初飛行。1968年8月31日、ピードモント航空へ引き渡され「ロングアイランド・ペースメーカー」と命名。1978年4月、ピラミッド航空へ売却され「レッド・シー・ペースメーカー」と命名。1984年6月、プロビスタウン・ボストン航空が購入。1992年1月に用途廃止となり、1993年7月にマサチューセッツ州で解体された。

■2062号機（N189P）
YS-11A-205／500／CARGO

1968年2月23日初飛行。1968年9月19日、ピードモント航空へ引き渡され「チェロキー・ペースメーカー」と命名。1979年9月にパインハースト航空で全貨物型に改造され、1980

ン・マネージメント・サポート社が購入し、フォートローダーデール国際空港で保管。ジェネシス・アヴィエーション社を経て、2002年にガボン・エクスプレスが購入し赤道ギニア籍3C-QRMと登録。2003年3月12日、南アフリカのフィールド・エア・モーティブ社へ売却しスワジランド王国籍3D-DYSとなった。2004年3月現在、同社にて登録されている。

■2052号機（N162P） YS-11A-205／500／CARGO

1967年12月6日初飛行。1968年6月28日、ピードモント航空へ引き渡され「ニューリバー・ペースメーカー」と命名。1974年1月28日、ワシントン・ナショナル空港で火災を起こしたが修復された。1979年8月にミッドウエスト・エアチャーターが購入。パインハースト航空で全貨物型に改造、1980年1月4日にエアボーン・エクスプレス社に引き渡されN912AXとして登録。1997年7月に退役、アヴィエーション・マネージメント・サポート社が購入し、フォートローダーデール国際空港で保管。ジェネシス・アヴィエーション社を経て、2002年3月にメキシコのアルコン社の所有となった。2004年3月現在、同社にて登録されている。

■2053号機（N164P） YS-11A-205／500／CARGO

1967年12月26日初飛行。1968年7月12日、ピードモント航空へ引き渡され「ポトマック・ペースメーカー」と命名。1979年5月にパインハースト航空で全貨物型に改造され、1979年10月にエアボーン・エクスプレス社が購入しN913AXとして登録。1997年7月に退役、アヴィエーション・マネージメント・サポート社が購入し、フォートローダーデール国際空港で保管、ジェネシス・アヴィエーション社を経て、2001年8月にフェリテリア・インプリメント社の所有となった。2004年3月現在、同社にて登録されている。

■2054号機（PP-CTE） YS-11A-202／500

1967年12月28日初飛行。1968年3月9日、クルゼイロ航空へ引き渡された。1976年6月にバリグ航空へリース、1977年5月17日にサンタカタリナ・ジョインビル空港でオーバーラン事故を起こし修復された。1979年1月に東亜国内航空が購入しJA8809「いこま」と登録。1994年3月30日に日本エアコミューターにリースされたが、2003年7月7日に登録抹消、日本エアシステムのカラーリングが施され「みちのく北方漁船博物館」（青森県青森市）に寄贈された。

■2055号機（PP-CTF） YS-11A-202／500

1968年1月10日初飛行。3月9日、クルゼイロ航空へ引き渡された。1977年11月に東亜国内航空が購入し500型に改造され、JA8805「いぶすき」と登録。1994年10月18日に日本エアコミューターにリースされ、2003年7月12日、種子島—鹿児島便を最後に退役、7月15日に整備訓練用教材として日本航空学園（石川県輪島市）が購入した。能登への空輸が2055号機のラストフライトとなった。オートアパーツ機材として使用、1992年4月16日に登録抹消となり解体された。

■2045号機（JA8684）YS-11-128

1967年9月4日初飛行。11月25日、アルゼンチン航空へリース。1968年8月に返却され東亜航空が購入した。1971年5月15日、東亜国内航空機となり「ほたか」と命名。1983年12月8日、ミッドパシフィック航空へ売却されN109MPとなった。1984年9月にファーウエスト航空へリース、1990年12月にはウインドワード・アイランド航空へリース、1991年6月4日に用途廃止となった。

■2046号機（OB-R-907）YS-11-126

1967年9月6日初飛行。12月2日、ランサ航空へリース。同社破綻後リマで保管されていたが、1975年2月にピードモント航空が購入しN265P「イト・タイ・ペースメーカー」として登録。1979年7月19日に登録抹消となり、スペアパーツ機材として使用された。

■2047号機（JA8720）YS-11-118

1967年9月11日初飛行。1968年8月31日、運輸省（現・国土交通省）航空局に引き渡され「ちよだⅣ」と命名された。2004年3月現在、航空局で運用されている。

■2048号機（JA8711）YS-11-115

1967年10月6日初飛行。運輸省（現・国土交通省）航空大学校へ引き渡された。1972年3月、飛行検査機に改修され航空局へ配備された。2002年10月1日に登録抹消された。

■2049号機（JA8712）YS-11-115

1967年10月13日初飛行。運輸省（現・国土交通省）航空大学校へ引き渡された。胴体下面に離着陸時のしりもちを防止するため、固定式テールバンパーを装備。1972年3月には飛行検査機に改修、航空局へ配備された。2003年5月29日に登録抹消となり、教育展示用として崇城大学（熊本県熊本市）が購入した。

■2050号機（N156P）
YS-11A-205／500／CARGO

1967年11月22日初飛行。1968年5月15日、ピードモント航空へ引き渡され「チェリーブラッサム・ペースメーカー」と命名、5月19日からYSとして初めてピードモント路線に就航した。1978年9月にパインハースト航空が全貨物型に改造、1980年4月にエアボーン・エクスプレス社が購入しN910AXとして登録。1997年7月に退役、アヴィエーション・マネージメント・サポート社が購入し、フォートローダーデール国際空港で保管。ジェネシス・アヴィエーション社を経て、フェリテリア・インプリメント社の所有となり、ベネズエラ空軍にリースされた。

■2051号機（N158P）
YS-11A-205／500／CARGO

1967年12月1日初飛行。1968年6月12日、ピードモント航空へ引き渡され「タイドウォーター・ペースメーカー」と命名。1979年2月にパインハースト航空で全貨物型に改造され、エアボーン・エクスプレス社が購入しN911AXとして登録。1997年7月に退役、アヴィエーショ

■2039号機（PI-C965）YS-11-121

1967年5月8日初飛行。7月1日、フィリピナス・オリエント航空へ引き渡されPI-C965として登録。1974年1月にフィリピン航空と合併、RP-C965となったが、2月14日に登録抹消された。

■2040号機（OB-R-895）YS-11-120

1967年5月26日初飛行。6月17日、ランサ航空へリース。同社破綻後リマで保管されていたが、1975年2月にピードモント航空が購入しN264P「ヤジマ・ペースメーカー」として登録。1979年7月19日に登録抹消となり、スペアパーツ機材としてウインストン・セーラム空港で保管された。

■2041号機（PP-CTA）YS-11-125

1967年5月24日初飛行。8月15日、クルゼイロ航空へリースされた。1968年にヴァスプ航空、さらにオーストラル航空へリースされた。1968年4月11日、日本国内航空が購入しJA8680「さど」となった。1975年5月28日、大阪伊丹空港で胴体着陸事故を起こし破損、その後修復され復帰したが、1979年7月28日に登録抹消となり解体された。

■2042号機（PP-CTB）YS-11-125

1967年6月12日初飛行。8月15日、クルゼイロ航空へリース。1968年8月にオーストラル航空にサブリースされ、12月に日本へ戻った。1968年6月、大韓航空へリースされHL5207となった。1972年12月に大韓航空の所有機となったが、1974年12月にフィリピン航空へ売却されRP-C1415として登録。1981年7月、米国のパインハースト航空が購入しN112PHと登録された。1983年3月にトランス・セントラル航空が購入しN902TCとなったが、1984年6月にシモンズ航空へ売却。1985年10月からアメリカン・イーグルと提携、アメリカン・イーグルのカラーリングで運航された。1986年にショーツ社の所有となりアリゾナ州ツーソンで保管された。1990年5月にABXエアがスペアパーツ機材として購入、1994年8月に登録抹消された。

■2043号機（PP-CTC）YS-11-125

1967年7月21日初飛行。8月31日にクルゼイロ航空へリースされたが、1968年12月にヴァスプ航空へサブリースされPP-SMXとして登録。1969年6月返却され、7月に大韓航空へリースされHL5208となった。12月11日に韓国でハイジャックされ北朝鮮の平壌空港に着陸、その後の消息は不明となった。

■2044号機（PP-CTD）YS-11-125

1967年8月25日初飛行。9月19日、クルゼイロ航空へリース。1968年12月、ヴァスプ航空にサブリースされPP-SMZとなった。1969年11月に日本へ戻り、1970年4月に大韓航空へ引き渡されHL5215となった。1974年12月、フィリピン航空が購入しRP-C1416として登録。1981年7月、パインハースト航空が購入しN113PHと登録。1983年3月、トランス・セントラル航空が購入しN903TCとなったが、1984年5月にシモンズ航空へ売却。1987年4月にショーツ社が所有、アリゾナ州ツーソンでスペ

■2033号機（9041）
YS-11-112／YS-11M

1967年2月25日初飛行。海上自衛隊向けの輸送機M型として製造され、3月31日に航空集団第51航空隊へ引き渡された。運用試験を経て10月に第205航空隊、1971年12月に第61航空隊に配備された。2033号機は初めて全貨物型として製造された。2004年3月現在、同隊に配備運用中である。

■2034号機（JA8668）YS-11-111

1967年2月21日初飛行。全日空へ9月30日に引き渡された。1991年8月1日からエアーニッポンにリースされたが、1993年4月にアボイテス・エアートランスポートへ売却されRP-C3203として登録された。1994年4月1日に登録抹消、スペアパーツ機材として使用された。

■2035号機（OB-R-857）YS-11-120

1967年2月17日初飛行。4月15日、ランサ航空へリースされた。1969年9月に日本へ戻り、日本国内航空が購入しJA8676「くまの」として就航。東亜国内航空、日本エアシステム機として使用された。1996年にKFSアルバへ売却されP4-KFDとなり、アリゾナ州ツーソンで保管された。1999年12月6日に登録抹消され、インディアナ州のグリッソム航空博物館に展示された。

■2036号機（JA8672）
YS-11-111／123／129

1967年3月6日初飛行。ピードモント航空の訓練機として使用されるため、1967年7月に米国へフェリーされた。1968年3月に日本に戻り東亜航空にリース、1969年3月15日に正式購入された。1983年、ミッドパシフィック航空が購入しN119MPとなった。1986年12月、富士インダストリーズ社が所有しJA8672として再登録された。1987年5月、マンダラ航空が購入しPK-RYYとなったが不採用、12月に再びミッドパシフィック航空に売却され、N119MPとして羽田からフェリーされた。1989年8月29日、メキシコのエアロシェラが購入しXA-RPFとして登録された。2004年3月現在、同社にて登録されている。

■2037号機（JA8675）YS-11-124

1967年3月20日初飛行。日本国内航空へ4月22日に引き渡され「ガーネット」と命名されたが、翌年7月に「きりしま」と変更。東亜国内航空、日本エアシステム機として使用、1996年5月30日にエア・フィリピンへ売却されRP-C1983となった。2004年3月現在、アボイテス・エアートランスポートにて登録されている。

■2038号機（JA8678）YS-11-114

1967年4月14日初飛行。東亜航空へ5月7日に引き渡された。1971年5月15日、東亜国内航空機となり「おき」と命名された。1986年11月にマンダラ航空が購入することになったが、インドネシア政府から輸入許可が下りず、1988年10月22日に登録抹消、羽田空港で解体された。

月にフェリーされた。その後、ジャブリン・リーシング社、コア・ホールディング社、ドナルド・メイヤー社の所有となったが、1989年6月19日に登録抹消された。

■2028号機(JA8666) YS-11-114

1966年8月22日初飛行。東亜航空へ9月28日に引き渡された。1971年5月15日、東亜国内航空機となり「いずも」と命名。1982年10月6日、ミッドパシフィック航空が購入しN116MPとして登録。1988年8月にコア・ホールディング社が所有したが、1989年6月19日に登録抹消された。

■2029号機(N1145H) YS-11-117

1966年9月5日初飛行。ハワイアン航空とのリース契約により、11月25日に引き渡された。1968年9月にリースバックされ、全日空が購入しJA8706となった。1971年5月、日本リースを経てメルパチ・ヌサンタラ航空に売却されPK-MYAとして登録。1978年3月に日本近距離航空が購入し、再びJA8706となった。エアーニッポンを経て、1995年8月17日にアボイテス・エアートランスポートが購入しRP-C3207となった。1999年3月10日、登録抹消された。

■2030号機(N1146H) YS-11-117

1966年11月19日初飛行。12月6日、ハワイアン航空へリース。1968年9月に返却後、全日空が購入しJA8707となった。1991年3月、西アフリカのガンビア航空が購入しC5-CGAとして登録、1993年8月にC5-GAAとなった。12月9日にセネガルのダカール空港上空で、DHC-6ツインオッターと空中追突事故を起こし、主翼を損傷したものの無事着陸した。1993年12月にガンビア政府が所有し、ガンビア国際航空で使用された。2004年3月現在、同政府にて登録されている。

■2031号機(N1147H) YS-11-117

1966年11月11日初飛行。12月4日、ハワイアン航空へリース。1967年10月に返却され日本へ戻ったが、12月5日にアルゼンチン航空へリースされた。しかしアルゼンチン政府の内部抗争により契約が撤回、1968年8月に返却された。1969年3月に東亜航空が購入しJA8686となり、アルゼンチン航空のカラーリングで日本の空を飛んでいた。そして東亜国内航空を経て、1982年11月、ミッドパシフィック航空に売却されN118MPとなったが、1989年8月、メキシコのエアロシェラに引き渡されXA-RPBとなった。1999年3月25日、マイアミ・エアーサービス社が購入しN603GLとなった。2004年3月現在、フロリダのオパロッカ空港で整備保管されている。

■2032号機(JA8667) YS-11-109

1967年1月11日初飛行。日本国内航空へ2月4日に引き渡され「オパール」と命名されたが、1968年7月、「むろと」と変更。東亜国内航空、日本エアシステムを経て使用された。1996年6月、エア・フィリピンが購入しRP-C1981となった。6月24日、タイキシング中に火災を起こし、乗客34名は無事脱出した。11月16日にナガ空港で着陸に失敗し破損、登録抹消された。

12日に引き渡され「ルビー」と命名されたが、1968年7月に「なると」と変わった。1988年1月10日、米子空港でオーバーラン事故を起こし、1989年2月に登録抹消された。その後、コクピット部分が「電車とバスの博物館」（神奈川県川崎市）にシュミュレーターとして展示されている。

■2023号機（JA8658）YS-11-111
1966年5月6日初飛行。全日空へ5月28日に引き渡された。1966年11月13日、愛媛県松山空港沖の海中に墜落した。

■2024号機（JA8660）YS-11-111
1966年6月2日初飛行。全日空へ6月27日に引き渡された。1976年6月に東亜国内航空へリースされ「いぶすき」と命名されたが、1977年12月に全日空へ返却。1979年9月から1991年9月まで日本近距離航空、そしてエアーニッポンへリース。1992年4月、西アフリカのガンビア航空へ売却されC5-CGBとなった。その後、ガンビア国際航空を経て、マーフーズ・アヴィエーション社が購入しC5-ZKIとなり、ガンビアのバンジュールを拠点にアフリカン・エクスプレスとして使用されたが、2004年2月23日に登録抹消された。

■2025号機（JA8661）YS-11-111
1966年6月30日初飛行。全日空へ7月29日に引き渡された。1977年4月、フィリピン航空へ売却されRP-C1420となった。1984年11月にミッドパシフィック航空が購入、大阪伊丹空港で整備を受けハワイにフェリーされた。1988年6月にコア・ホールディング社、1990年にIFSリーシング社の所有となったが、11月にウィンドワード・アイランド航空にリースされPJ-WIKとして登録。2000年6月6日に登録抹消。その後、PJ-WIKはオランダ領セントマーチン島フィリップスバーグでレストランとして使用されている。カラーリングはハイネッケンのダーグ・グリーン、胴体の中央にはレストラン名、機首にはPJ-WIKのレジがマーキングされている。

■2026号機（JA8665）YS-11-109
1966年7月14日初飛行。デモフライト機として9月15日から10月13日まで米国デモ、さらに1967年1月25日から3月15日まで南米デモフライトを実施。デモフライト後、ランサ航空にリースされOB-R-893として登録。1969年5月7日、日本国内航空へ引き渡され「あわじ」と命名。1977年8月9日、女満別空港で胴体着陸事故を起こしたが修復された。1996年5月21日、エア・フィリピンに引き渡されRP-C1960となった。日本エアシステムのカラーリングで使用された後、マニラ国際空港で保管された。2004年3月現在、同社にて登録されている。

■2027号機（PI-C964）YS-11-116
1966年8月8日初飛行。10月27日、フィリピナス・オリエント航空へ引き渡された。1974年1月、フィリピン航空との合併でRP-C964となった。1984年9月にミッドパシフィック航空（MPA）へ売却され、大阪伊丹空港でMPAのカラーリングが施されN108MPとして登録、12

1989年6月19日に登録抹消され、魚礁としてワイキキの沖合に沈められた。

■2016号機（JA8651）YS-11-108

1965年11月15日初飛行。日本国内航空へ12月8日に引き渡され「聖火」と命名。1968年7月に「とわだ」となり、東亜国内航空を経て日本エアシステム機として使用された。1994年9月22日、アボイテス・エアートランスポートへ売却されRP-C3204となり、1996年8月28日に登録抹消された。

■2017号機（JA8653）YS-11-108

1965年12月3日初飛行。日本国内航空へ1966年1月8日に引き渡され「ダイヤモンド」と命名されたが、1968年7月に「いず」に変更、東亜国内航空を経て日本エアシステム機として使用された。1994年11月にエヌエイエス・アヴィエーション社、さらに1994年4月にKFSアヴィエーション・アルバ社に売却されP4-KFEとして登録。その後、日本エアサービス社が購入、1996年4月16日にエア・フィリピンへ引き渡されRP-C1930となった。同社退役後は魚礁としてスービック湾に沈められた。

■2018号機（62-1153）
YS-11-105／YS-11P

1966年1月9日初飛行。航空自衛隊の人員輸送機P型として製造、3月4日に輸送航空団第402飛行隊へ引き渡された。P型の3号機で48座席の人員輸送型。2001年、美保基地の第3輸送航空隊第403飛行隊に移動配備。2004年3月現在、同隊に配備運用中である。

■2019号機（62-1154）
YS-11-105／YS-11P／YS-11FC

1966年2月20日初飛行。航空自衛隊の人員輸送機P型として製造され、3月28日、輸送航空団第402飛行隊へ引き渡された。1974年6月11日、美保基地で胴体着陸事故を起こし修復。2機目の飛行点検機FC型として改造され、1990年12月20日に航空支援集団飛行点検隊へ配備された。2004年3月現在、同隊に配備運用中である。

■2020号機（JA8656）YS-11-109

1966年3月16日初飛行。日本国内航空へ4月2日に引き渡され「サファイア」と命名されたが、1968年7月に「あかし」に変更。1979年7月21日、羽田空港で片主脚着陸事故を起こしたが、修復され路線に復帰した。1996年4月、エア・フィリピンへ売却されRP-C1936と登録された。1999年11月23日にアボイテス・エアートランスポートへ売却、RP-C2253となった。2004年3月現在、同社にて登録されている。

■2021号機（JA8700）YS-11-110

1966年3月24日初飛行。航空局の飛行検査機として製造。1967年1月24日に引き渡され「ちよだIII」と命名。1999年1月29日に退役、エア・フィリピンへ売却されRP-C3215となったが、10月23日に登録抹消されスペア機材として使用された。

■2022号機（JA8662）YS-11-109

1966年4月17日初飛行。日本国内航空へ5月

第401飛行隊及び第402飛行隊へ引き渡された。2001年8月、美保基地の第3輸送航空隊第403飛行隊へ移動配備された。2004年3月現在、同隊に配備運用中である。

■**2010号機（JA8644）YS-11-102**

1965年6月15日初飛行。全日空の初号機として7月29日に引き渡された。1970年11月30日、インドネシアのメルパチ・ヌサンタラ航空に売却されPK-MYPとなった。1978年5月、日本近距離航空が購入し再びJA8644となり、エアーニッポンを経て、1995年5月31日、アボイテス・エアートランスポートへ売却されRP-C3205となった。2004年3月現在、同社にて登録されている。

■**2011号機（JA8645）YS-11-102**

1965年7月13日初飛行。全日空へ9月16日に引き渡された。1971年3月10日、インドネシアのメルパチ・ヌサンタラ航空へ売却されPK-MYNとなったが、4月1日、ジャカルタ・カメヨラン空港で胴体着陸事故を起こし登録抹消された。

■**2012号機（PI-C962）YS-11-107**

1965年7月20日初飛行。初めて輸出機として製造、10月19日にフィリピナス・オリエント航空へ引き渡され、11月25日から国内幹線に就航した。1974年1月にフィリピン航空と合併、登録記号がRP-C962と変更された。1984年11月にミッドパシフィック航空（MPA）へ売却し、大阪空港でMPA塗装になりN103MPとしてハワイへフェリーされた。1989年9月9日、メキシコのエアロシェラへ売却されXA-RQUとなった。2004年3月現在、同社にて登録されている。

■**2013号機（JA8650）YS-11-102**

1965年8月12日初飛行。全日空へ10月4日に引き渡された。1967年1月20日、大阪空港で胴体着陸事故を起こし修復。1971年5月、メルパチ・ヌサンタラ航空に引き渡されPK-MYT「TRISULA」と登録。1978年2月、日本近距離航空が購入しJA8650として再登録。1996年11月29日、エア・フィリピンが購入しRP-C2014となった。2004年3月現在、同社にて登録され保管されている。

■**2014号機（JA8648）YS-11-108**

1965年9月7日初飛行。日本国内航空へ10月7日に引き渡され「珊瑚」と命名されたが、1968年7月に「つがる」と変更された。東亜国内航空そして日本エアシステム機として運航された。1990年11月、エア・アルバが購入しP4-YSEとして登録、ガンビア航空にリースされた。1992年2月に退役し、アリゾナ州ツーソンでN991CLとして保管されたが、1999年12月6日に登録抹消された。

■**2015号機（PI-C963）YS-11-107**

1965年10月15日初飛行。フィリピナス・オリエント航空へ11月16日に引き渡され「ブルーレディ」と命名。1974年1月、フィリピン航空との合併でRP-C963となった。1984年8月、ミッドパシフィック航空が購入しN105MPとなり、ファーウエスト航空へリースされた。

格納庫で保管、3ヶ月、6ヶ月、1年の間隔で点検作業が実施されている。

■2004号機（JA8639）YS-11-101

1964年12月11日初飛行。1965年4月10日、東亜航空へリース、1970年8月まで国内線に就航。1970年9月に韓国の大韓航空へリースされHL5219と登録、1972年12月に大韓航空に売却。1974年12月、フィリピン航空へ売却されRP-C1414と登録された。1984年7月にミッドパシフィック航空が購入、ファーウエスト航空へリースされた。1989年8月にメキシコのエアロシェラに売却、XA-RPCとして登録された。1999年3月25日、マイアミ・エアーサービス社が購入しN602GLとなり、オパロッカ空港で整備保管されている。2004年3月現在、同社にて登録されている。

■2005号機（JA8641）YS-11-101

1965年1月9日初飛行。1965年4月19日、東亜航空へ引き渡された。1971年5月15日、東亜国内航空機となり「みやじま」と命名、1989年3月まで使用された。ホンコン・コーンズ社、キングスレイ・アヴィエーション社を経てベナダ・アヴィエーション社へ売却、1992年4月16日に用途廃止となり、ラスベガスのスカイ・ハーバー空港で解体された。

■2006号機（JA8640）YS-11-106

1965年4月16日初飛行。日本国内航空へ5月15日に引き渡され「真珠」と命名された。1968年7月、「あかん」と変わり、1972年5月に「ましゅう」となった。日本エアシステムを経て、1989年3月、ホンコン・コーンズ社、キングスレイ・アヴィエーション社を経て、ベナダ・アヴィエーション社に売却されたが、1990年7月9日に用途廃止となり、ラスベガスのスカイ・ハーバー空港で解体された。

■2007号機（JA8643）YS-11-106

1965年5月13日初飛行。日本国内航空へ6月16日に引き渡され「黒耀」と命名。1967年1月22日、函館空港でオーバーラン事故を起こし、修復後の1968年7月に「ひだか」と名称を変更。1981年5月31日に高知空港でオーバーラン事故を起こし、再び修復され日本エアシステム機として使用された。1989年12月、米国のL&M社が購入しN102LMとして登録。翌1990年1月にエア・アルバに売却され、P4-YSDとなり、9月にガンビア航空へリースされた。1994年4月7日、登録抹消された。

■2008号機（52-1151）YS-11-103／YS-11P／YS-11FC

1965年2月15日初飛行。航空自衛隊の人員輸送機P型として製造、3月30日に輸送航空団第402飛行隊へ引き渡された。乗客36人乗りのVIP仕様で、キャビン後方にはラウンジが設けられた。1992年3月に飛行点検機FC型に改造、航空支援集団飛行点検隊へ配備。2004年3月現在、同隊に配備運用中である。

■2009号機（52-1152）YS-11-103／YS-11P

1965年3月13日初飛行。航空自衛隊の人員輸送機P型として製造、3月30日に輸送航空団

資料

世界を飛んだ YS-11

試作2機＋量産180機 全軌跡データ

■1001号機（JA8611）YS-11

1962年8月30日初飛行。YSのプロトタイプ（原型）は3360時間に及ぶ試験飛行を実施した。1974年8月から1975年3月まで日本航空機輸送へリース。1977年9月、東亜国内航空へリース。1979年4月、全日空整備へリースされ、新入社員のための実機訓練機として使用されたのち同社で整備保管された。そして、成田航空科学博物館（千葉県山武郡芝山町）での永久保存が決まり、1982年7月28日にラストフライトを迎え、8月2日に登録抹消された。

■1002号機（JA8612）YS-11

1962年12月28日初飛行。1964年9月9日に全日空にリースされ、東京オリンピックの聖火を那覇空港から千歳空港まで空輸。1965年4月1日、日本国内航空にリース「聖火」と命名され旅客便として初就航。その後、東亜航空、フィリピナス・オリエント航空にリース、1972年6月に日本航空機輸送へ売却された。日本航空機輸送では、資源探索のため探査装置を装備した。中日本航空へ1976年8月に売却。1979年4月に全日空整備へ売却され整備教育に使用されたが、11月12日に登録抹消となり、1980年11月に解体された。

■2003号機（JA8610）YS-11-104

1964年10月23日初飛行。飛行検査機としての改修を受け、1965年3月30日に量産初号機として運輸省（現・国土交通省）航空局へ引き渡された。1998年12月18日退役、総飛行時間は2万1015時間40分だった。JA8610は国立航空博物館の所有となり羽田空港内の

あとがき

僕が飛行機に興味を持ったのは小学生の頃である。国産旅客機ＹＳが東京オリンピックの聖火を乗せ、日本列島を縦断した時は小学四年生だった。報道取材機を従え飛行するＹＳの姿が記憶に残っている。なぜか戦闘機よりプロペラを回転させて翔ぶYSに惹かれた。東京オリンピックが開催された一九六四年には、まだYSは試作機しか飛んでいなかったが、四年後の一九六八年には世界に翼を広げていた。飛行少年だった僕は、YSを追って羽田や伊丹に出かけた。日本航空機製造へYSの想いを綴り送ってみたところ、総務ご担当の徳島幸雄さんからお返事をいただいた。そして虎ノ門の本社に何度かお邪魔することとなった。当時は日航製が最も輝いていた時代で、防衛庁の次期輸送機C-1の開発が進められ、さらにYS-33の開発も始まろうとしていた。僕は「旅客機の設計者になりたい」と思うようになっていた。しかし、日本航空機製造は消滅してしまった。そして僕の夢も消えていった。

　航空写真家を目指し、世界各地に出かけるようになったが、被写体として飛行機に向き合った時、飛行機のフォルムを表現するのでなく、飛行機の背景にあるストーリーを表現したいと思うようになった。YSと出逢ってから四〇余年が過ぎていたが、YSは四〇年前の姿で飛び続けていた。そこにはYSを育て、YSで学び、YSに生涯をかけた人たちがいる。

　YSの輝かしい航跡をまとめてみたいと思っていたが、人生のめぐりあわせか、このたび小学館から出版されることになった。出版することは著者の力だけでは叶うものではない。編集の廣野篤さんは図鑑NEO「乗りもの」で取材を共にして以来、飛行機にたいへん興味を持たれ、本書の出版にあたりご尽力をいただいた。デザインの鈴木康彦さんは、僕の夢を素晴らしい本にしてくださった。

　我々はYSの輝かしい航跡とともに、貴重なデータを後世に残さねばならないと思う。

横倉　潤

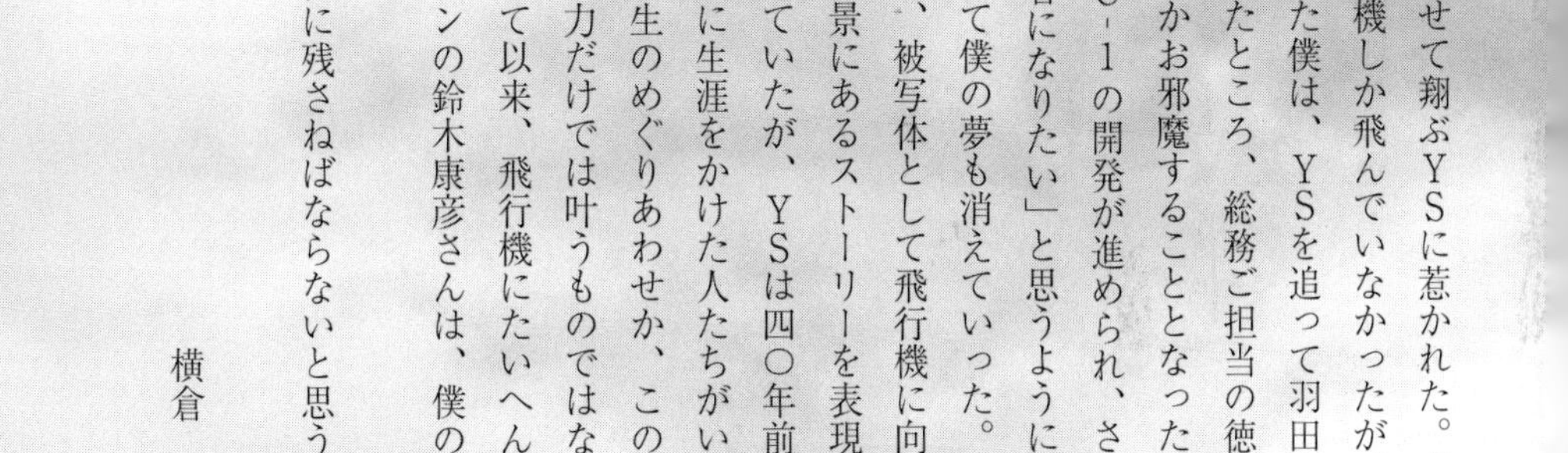

■参考文献・資料

YS-11の悲劇【ある特殊法人の崩壊】（1995年）山村堯　日本評論社
YS-11㊤㊦（1999年）前間孝則　講談社
最後の国産旅客機　YS-11の悲劇（2000年）前間孝則　講談社
YS-11エアラインの記録（1998年）社団法人日本航空技術協会
YS-11商人の光と影　編集・発行　YS-11を誇る会　代表者：金子博臣
エアワールド戦後国産機総覧NAMC YS-11編（1997年）編者：下郷松郎　エアワールド
「航空ジャーナル」1980年9月～11月号『YSの研究』航空ジャーナル社
「世界の民間機1979」航空ジャーナル社
「世界のエアライン」航空ジャーナル社
「航空情報」1966年3月号★YS-11評判記★酣燈社
「航空情報」1969年1月号★特集・最近のYS-11★酣燈社
「月刊エアライン」イカロス出版
「エアロポスタル」ワールドフォトプレス
「航空ファン」文林堂
「地球の歩き方・アラスカ」ダイヤモンド・ビッグ社
「地球の歩き方・モンゴル」ダイヤモンド・ビッグ社
「地球の歩き方・東南アジア」ダイヤモンド・ビッグ社
「地球の歩き方・ペルー」ダイヤモンド・ビッグ社
「データブック・オブ・ザ・ワールド」2002年版　二宮書店
日本経済新聞
朝日新聞
東京新聞
Airways / Airways International Inc
AIRLINES　WORLDWIDE
HAWAIIAN AIRLINES by STAN COHEN / Pictorial Histories Publishing
Canadian Pacific Air Lines by D.M. Bain / Kishorn Publications
FLYING BEATS WORK THE STORY OF REEVE ALEUTIAN AIRWAYS by STAN COHEN / Pictorial Histories Publishing
Jp airline-fleets international / Bucher Publications

■取材協力

日本エアコミューター株式会社 総務部
三菱重工業株式会社 名古屋航空宇宙システム製作所羽田補給所（石村吉春所長）
日本航空学園 日本航空大学校

横倉潤《よこくらじゅん》

一九五四年東京生まれ。航空写真家。少年時代にYSと出会い、製造元の日本航空機製造にファンレターを出す。そして、羽田空港や伊丹空港でYSを追いかけ、写真撮影を始める。現在は、航空機のみならず、地球の自然などを空から撮影。その作品は、航空専門誌のほか、各種雑誌、コマーシャル・フォトの分野において広く発表されている。著作に、「飛行機写真撮影マニュアル」「伝説の翼たちを撮る」（グリーンアロー出版社）「小学館の図鑑NEO 乗りもの」（共著・小学館）など。

写真・イラスト・地図作成◎横倉 潤
デザイン◎鈴木康彦

校閲◎小学館クォリティーセンター
小学館クリエイティブ

編集◎廣野 篤（小学館）
販売◎荒井正雄（小学館）
宣伝◎庄野 樹（小学館）
制作企画◎岩重正文（小学館）
資材◎苅谷直子（小学館）
制作◎速水健司（小学館）

翔べ! YS-11 世界を飛んだ日本の翼

2004年10月20日 初版第1刷発行

著 者 横倉潤
発行者 八巻孝夫
発行所 株式会社小学館 東京都千代田区一ツ橋2-3-1 〒101-8001
振替 00180-1-200
電話 03-3230-5452（編集） 03-3230-5333（制作） 03-5281-3555（販売）

印刷所 共同印刷株式会社
製本所 牧製本印刷株式会社

ISBN4-09-387520-0 NDC 687 A5判（148×210）